최소 한 그릇 집밥

최소 한 그릇 집밥

초판 1쇄 발행 2019년 02월 01일

글 · 사진	신소희
발행인	조상현
마케팅	조정빈
편집인	김유진
디자인	나디하 스튜디오
펴낸곳	더디퍼런스

등록번호	제2018-000177호
주소	경기도 고양시 덕양구 큰골길 33-170
문의	02-712-7927
팩스	02-6974-1237
이메일	thedibooks@naver.com
홈페이지	www.thedifference.co.kr

ISBN	979-11-61251-77-6 14590
	979-11-61251-75-2 (세트)

최소 한 그릇 집밥

소소하고 확실한 최소한의 어덜트 교과서

더디퍼런스

심플 라이프를 위한 집밥 한 그릇

함께 밥을 먹으며 생긴 정은 밥그릇이 쌓이는 만큼 무겁고 견고하다. 그래서 함부로 버릴 수도 없고 떼어 낼 수도 없다. 밥은 돈만 있으면 어디서든 먹을 수 있지만, 손수 지은 밥을 나누는 것은 동서양을 막론하고, 상대와 좋은 관계를 유지하고 싶은 마음을 대신한다. 다른 사람에게 밥 한번 해 주겠다는 말은 '우리 친하게 지내자.'라는 뜻이기도 하다.

밥은 기본적으로 배를 채우기 위해서 먹는다. 사회적인 관계를 위해서도 먹고, 행복해지기 위해서도 먹는다. 잠시 우리의 삼시세끼를 생각해 보자.

우리는 하루 몇 끼를 집에서 먹을까? 몇 끼쯤을 제대로 먹고 있을까? 제대로 먹는다는 말은 무엇을 의미할까? 식사 때마다 상다리가 부러지게 차려진 밥상은 좋은 밥상일까?

아침에 일어나 씻고 치장하고 일하고 공부하러 다니기 바쁜 일상, 거기다 아이 키우고 살림까지 하고 있다면 잔칫상 같은 끼니는 꿈같은 이야기다. 그런데 아무리 요리를 잘해도 집에서 밥을 먹다 보면, 어느새 질리고 색다른 것을 먹고 싶은 마음이 든다.

그러니 갑자기 새로운 음식이 먹고 싶거나 먹방(먹는 방송)에 나오는 음식에 나도 모르게 끌리고 마는 것이 당연하다. 이럴 때 한 그릇 집밥이 정답이다. 한 그릇 안에 맛과 정성이 담겨 있으면서, 쉽게 만들 수 있으니 일석삼조 아닌가.

요리 초보자들은 요리를 너무 거창하게 생각한다. 요리 책이나 동영상에 나오는 예쁜 이미지에 주눅이 들어서 그런 것일까? 그런데 먹고사는 문제까지 쇼윈도나 무대를 동경하고 있다면 현실로 내려오기를 바란다. 현실은 생각보다 굉장히 편안하고 행복하기 때문이다. 현실 요리는 고급 식재료나 비싼 그릇이 핵심이 아니다. 건강하게 맛있게 '냠냠' 먹는 것이 우선이다.

타고난 재능이나 손맛이 없다고? 그건 식당 주인이나 종갓집 며느리가 될 게 아니라면 글쎄, 필요할까? 한 그릇 집밥을 만들다 보면 알게 될 것이다. 요리는 그저 기능이고 요령이라는 것을…. 한 번 배우면 그 패턴을 자연히 알게 되고, 그것에 따라 나만의 요리도 만들 수 있음을 말이다. 물론 배우는 속도와 질은 개인마다 차이가 있지만, 간단한 요리일수록 그 차이는 매우 적다.

《최소 한 그릇 집밥》에는 식재료를 간단히 썰어 가스레인지만 켜도 금세 한 그릇을 만들 수 있는 50가지 집밥 레시피를 담았다.

가장 먼저 나 자신을 위해 매일매일 한 그릇을 준비하는 사람에게 이 책을 바치고 싶다. 심플 라이프를 살고 있거나 냉장고가 조그만 사람에게 안성맞춤이다. 또한 애인이나 부모님, 배우자나 자녀, 친구와 동료 등 누군가에게 밥 한 그릇 해 주고 싶다면 이 책이 작은 도움을 줄 수 있다.

요리를 썩 잘한다는 말은 못 들어도 그들은 당신의 정성에 감동할 것이고, 좋지 않은 관계나 감정도 쉽게 해결할 수 있다.
그렇게 한두 가지부터 천천히 도전하고 시도하다 보면, 나의
밥은 내가 해 먹을 수 있는 진짜 독립의 길을 걷는 동시에, 생
각하지도 못했던 당신만의 특별한 손맛도 찾을 수 있다.
당신의 한 그릇을 늘 옆에서 응원하고 싶다.

신소희

● 최소 한 그릇 집밥이란?

필자는 종종 지인들에게 농산물을 선물한다. 식구가 많은 어른이나 어느 정도 살림이 안정된 주부들은 이런 나의 선물을 무척 반기고 좋아한다. 하지만 1인 세대나 아이가 없는 부부, 3명 이하의 가정은 조금 다르다. 어떻게 먹어야 하는지 고민하는 모습이 얼굴이나 전화 통화에서 그대로 드러나 보내고도 미안해질 때가 많다.

그들은 아침은 굶거나 간단한 걸 마시고, 점심은 직장과 학교에서, 저녁도 만만한 아무거나로 대체한다. 그래서 집에서 밥을 해 먹는 횟수가 일주일에 한두 번 정도가 될까 말까다. 집에서 밥 먹는 기회가 별로 없다고 해서 먹는 것을 싫어하느냐, 그건 또 아니다. 만들어 먹는 것은 어려워하지만, 차려 주면 게 눈 감추듯 잘 먹는다.

엄지손가락을 치켜들며 "와, 진짜 맛있어." 또는 "나 원래 밥 이렇게 많이 안 먹는데, 한 그릇 더 먹어야겠다."라고 말한다. 그렇다. 다만 그들은….

만들 줄 몰라서!

만들기 번잡해서!

남는 재료가 부담스러워서!

집밥을 먹지 못한다.

먹고 싶지만 그러기 위해서는 할 일이 너무 많으니까.

이 책에 나오는 한 그릇 집밥은 옷을 갈아입고 문을 열고 나가, 편의점에 가서 전자레인지에 간편식을 데우는 정도의 정성만 있으면 된다. 그러면 당신도 제법 그럴듯한 한 그릇을 만들 수 있다.

아주 간단하게 한 그릇을 만들 수 있고, 생각보다 어렵지 않다. 요령만 알면 누구든지 할 수 있다. 굶지 말고, 아무거나 먹지 말고, 시작해 보자. 집밥은 때로 당신의 지친 영혼도 위로해 주니까.

● 집밥을 위한 최소 양념

소금
보통 천일염으로 간을 맞춘다. 고운 소금은 조금 더 짜고, 맛소금은 조미료가 섞여 있다.

국간장
재래 국간장은 맛이 짜고 감칠맛은 덜하지만, 재료의 맛을 정직하게 찾아 준다.

양조간장
산분해 간장이 아닌 발효 양조간장을 이용하는 것이 좋다.

액젓
장이 엄청 맛있거나 손맛이 대단한 경우라면 괜찮지만, 그게 아니라면 국간장을 대용하기에 안성맞춤이다.

굴소스
굴 함량이 높은 것이 좋고, 볶음 요리에 적당하다.

들깨가루
노란색일수록 질이 좋다. 갈색 껍질이 적을수록 도정을 많이 하여 가루가 부드럽다.

새우젓

돼지고기와 잘 맞는다. 돼지고기를 이용한 수육이나 국물 요리에 쓰면, 고기의 맛이 살아난다.

고추장

매콤하면서도 깊은 맛을 낼 때 쓴다.

굵은 고춧가루

매운맛과 붉은색을 낼 때 사용한다.

고운 고춧가루

깔끔한 붉은색을 원할 때 사용한다. 단, 많이 넣으면 음식 맛이 텁텁해진다. 요리하기 직전에 젖은 재료에 미리 섞어 두었다가 사용하면, 맛과 색을 모두 살릴 수 있다.

멸치(국물용)

굵은 멸치는 모든 요리의 기본 국물 재료다. 은빛이 반짝이면서 잘 마른 것을 구해 냉동고에 넣고 사용한다.

다시마

음식의 감칠맛을 책임진다.

파뿌리

파뿌리를 버리지 말고 세척해 말려서 쓴다. 국물 요리를 할 때 넣으면 개운하다.

황태채

황태를 찢어 사용하기도 하지만, 채를 사서 이용하면 간단하다. 구수한 국물 맛을 내는데 그만이다.

참치액

계란찜, 일식 국물, 볶음밥 등에 사용하면 가쓰오브시 국물을 따로 내지 않아도 맛이 난다.

두반장

시판용 두반장을 사용해도 좋고, 재래 고추장과 된장을 2:1로 섞어 사용해도 비슷한 맛이 난다.

● 레시피 일러두기

① 담근 장 vs 시판용 장
직접 담든 장은 시중에서 파는 장보다 대부분 염도가 높으므로 양을 잘 조절한다.

② 음식의 간 맞추기
음식의 간을 싱겁게 먹는 경우는, 레시피에서 메인이 되는 양념을 조금 줄여 만들고, 요리할 때 마지막에 넣는 게 좋다. 싱거운 음식은 고칠 수 있지만, 짠 음식은 고치기가 어렵다. 음식을 여러 번 해 보면 본인에게 맞는 간을 찾을 수 있다.

③ 불 세기와 끓이는 시간
이 책의 국물 요리는 인덕션 레인지, 볶음은 일반 가스레인지를 사용하였다. 소량으로 요리를 할 때는 불세기에 따라 끓이는 시간 등의 차이가 나고, 여기에서 간과 맛의 차이도 생기므로 요리를 하기 전에 레시피 전체를 검토하고 만드는 것이 제맛을 내기 쉽다.

④ 밥을 잘 짓는 법
밥맛은 쌀의 상태, 물의 양, 불리는 정도, 밥솥의 종류에 따라 달라진다. 묵은 쌀이면 더 오래 불리거나 물을 조금 더 잡아 준다. 일반 밥솥이거나 패킹 능력이 떨어지는 밥솥을 사용하고 있다면 물을 넉넉히 잡는다.

차례

Part2
상처받은 위(we)를 위한 한 그릇

Part5
밥만 잘하면 되는 한 그릇

Part1
밥심으로 산다,
든든한 한 그릇

싫어할 수 없는 맛, 불고기덮밥

강하고 센 맛을 좋아하는 사람과 싱겁고 담백한 맛을 좋아하는 사람들이 모여 있을 때 음식을 만드는 입장에서 은근히 신경 쓰인다. 그럴 땐 남녀노소 모두에게 인기 좋은 불고기덮밥을 만들어 보자.

🍳 재료(1-2인분)

소고기 300g, 파 1개, 양파 1/2개, 당근 1/4개, 다진 마늘 1큰술, 양조간장 3큰술, 올리고당 2큰술, 오렌지주스 3큰술, 참기름 1큰술, 식용유 1큰술, 부추 약간(생략 가능), 후추 약간

🍲 순서

1 파와 부추는 송송 썰고, 당근과 양파는 채 썰어 놓는다.

2 소고기 300g에, 양파1/2, 파 1/2, 다진 마늘 1큰술, 양조간장 3큰술, 올리고당 2큰술, 오렌지주스 3큰술, 참기름 1큰술, 후추를 약간 넣고 30분 이상 재워 놓는다.

3 팬에 식용유 1큰술을 두르고 파1/2를 센 불에 볶다가, 양념된 고기와 당근을 넣고 고기에 핏기가 사라질 정도로만, 빠르게 볶는다.

4 불끄기 직전 부추를 넣고 밥 위에 얹어 낸다.

TIP ─────────────
오렌지 주스는 배즙이나 사과즙, 귤 주스, 매실 주스 등으로 대체 가능하다. 과일은 고기를 부드럽게 해 주고 잡내를 제거해 준다.

21

밥으로도 안주로도 오징어덮밥

달아난 입맛을 찾아 주는 매콤한 덮밥이면서, 안주로도 환영받는 오징어 덮밥. 쫄깃한 식감과 풍부한 영양을 따지지 않아도, 모두가 좋아하는 메뉴다. 한 끼 풍족한 한 그릇이자, 안주로도 사랑받아 마땅하다.

🍳 재료(1-2인분)

오징어 1마리, 양파 1/2개, 호박 1/2개, 청고추 1개, 홍고추 1개, 고추장 1큰술, 양조간장 2큰술, 고춧가루 1큰술, 다진 마늘 1큰술, 맛술 1큰술, 설탕 1큰술, 파 1개, 생강즙 1/2작은술, 식용유 1큰술, 참기름 1큰술

🍽 순서

1 호박과 양파는 나박썰기하고, 고추와 파, 마늘은 잘게 썬다. 오징 어는 안쪽 면에 교차하는 칼집을 넣어 먹기 좋은 크기로 자른다.

2 오징어에 고춧가루 1큰술, 고추장 1큰술, 양조간장 2큰술, 마늘 1큰술, 맛술 1큰술, 설탕 1큰술, 생강즙 1/2작은술을 넣어 재워 둔다.

3 팬에 기름을 두르고 파를 넣고 볶다가 채소를 넣는다. 양파가 반 투명하게 익었을 때 재워 둔 오징어를 넣는다.

4 오징어가 익을 때까지 센 불에서 빠르게 볶다가 참기름을 둘러 밥 위에 얹는다.

TIP ─────────────

오징어 껍질에는 타우린 등의 다양한 영양소가 듬뿍 들어 있다. 벗겨 내 지 않고 사용하면 요리 색이 약간 어두워지긴 하지만, 오히려 맛은 더 깊 어진다. 색에 거부감이 없다면 벗기지 말고 사용해 보자.

매콤함과 부드러움의 앙상블 마파두부덮밥

이름만 들으면 왠지 집에서 못 먹는 대단한 요리 같지만, 재료나 레시피가 의외로 간단하다. 짧은 시간에 뚝딱 만들 수 있지만, 결코 가볍지 않은 얼큰함과 부드러움에 폭 빠져 보자.

📊 재료(2-3인분)

두부 1모, 다진 돼지고기 300g, 파 1개, 청양고추 1개, 홍고추 1개, 고추기름 2큰술, 참기름 2큰술, 전분 2큰술, 물 2큰술, 두반장 2큰술, 굴소스 2큰술, 다진 마늘 1큰술, 후추 약간, 소금 3큰술, 물 3컵

🍽 순서

1 두부는 깍둑썰기하고, 고추와 파는 송송 썬다. 물 2큰술과 전분 2큰술을 섞어 물 녹말을 만든다.

2 소금 3큰술, 물 3컵을 넣고 끓인 물에 두부를 데친다. 고기는 굴소스 2큰술과 다진 마늘 1큰술, 후추에 재워 놓는다.

3 고추기름 2큰술을 팬에 두르고 파를 볶다가 양념된 돼지고기를 넣는다. 돼지고기가 거의 다 익으면 두반장 2큰술을 넣고 잘 저은 후 두부를 넣고 섞일 정도로만 젓는다.

4 끓어오르면 물 녹말을 넣고 한소끔 더 끓여, 밥에 얹어 낸다.

TIP
두부를 소금물에 데치면 두부가 단단해지고 간이 배서 뭉그러지지 않게 요리할 수 있다.

세 가지 두부를 위한 마음가짐

두부를 만들기 위해서는 우선 좋은 콩을 골라야 한다. 그런 다음 맑은 물이 나올 때까지 깨끗이 씻어서 불린다. 콩이 물을 흡수하는 동안 물이 탁해지기 때문에 콩이 다 불을 때까지 서너 번 더 씻어야 한다.

이제 하루 동안 물에 불린 콩을 곱게 간다. 이 콩과 뜨거운 물을 면으로 만든 자루 속에 넣는데, 이때 자루는 대야에 잘 받친다. 콩과 물을 잘 섞어서 내용물이 새지 않게 입구를 묶는다. 대야 위에 쳇다리(그릇 따위에 걸쳐 그 위에 체를 올려놓을 때 쓰는 기구)를 놓고, 그 위에 자루를 올려 물을 꽉 짠다. 콩물을 걸러내는 것인데, 콩물색이 옅어질 때까지 새로 물을 붓고 헹

귀 짜내는 과정을 반복한다.

여기서 콩물을 짜내고 남은 찌꺼기가 바로 비지다. 비지는 돼지고기와 신 김치를 쫑쫑 썰어 볶다가 물과 함께 넣어 끓이면 맛있다. 또는 물에 새우젓을 넣고 끓이다가 비지를 넣고, 파와 매운 고추를 함께 끓여도 좋다.

두부 만들기에서 중요한 것은, 끓어 넘치지 않고 타지 않게 끓이는 것이다. 처음에는 맑은 물을 솥에 조금 넣고 불을 붙인다. 물이 완전히 끓으면 그 위에 짜낸 콩물을 넣어 끓이기 시작한다. 콩물은 끓기 시작하면 순식간에 넘친다. 솥 주변에 찬물을 준비해 놓았다가 넘칠 것 같으면 조금씩 넣어가며 조절한다.

콩물은 오래 끓이면 끓일수록 고소한 맛이 난다. 고소하고 맛있는 두부를 원한다면 콩물을 오래 끓여야 하는데, 자꾸 타고 끓어 넘치니 계속 끓이기가 만만치 않다. 그럴 때 비장의 무기, '들기름'을 넣는다. 부글부글 끓어 거품이 일어났던 콩물에 들기름을 넣으면 거짓말처럼 가라앉는다.

그렇게 팔팔 끓이다 보면 콩물 위에 단백질 막이 생긴다. 이걸 며느리두부라고 하는데, 이것이 생기면 불을 꺼도 된다. 이제 간수를 부을 차례다. 간수는 시판되는 것도 있고 지역에 따라 바닷물을 쓰기도 한다. 나는 천일염 자루의 아래쪽 끝에 그릇을 놓고 똑똑 떨어지는 물을 모아 간수로 쓴다.

그런데 두부에 간수를 너무 많이 넣으면 두부가 지나치게 딱딱하고 맛이 쓰다. 반대로 적게 넣으면 콩 단백질이 엉기질 않아 두부를 만들 수 없다. 간수 한 컵에 3-4배쯤 되는 물을 섞어 조금씩 나눠 넣으며 콩물을 저어 준다.

간수를 천천히 넣으며 젓다 보면 콩물에서 몽글몽글한 것들이 잡히는 순간이 온다. 이걸 '순'이 잡힌다고 한다. 이때 간수 넣는 것을 멈추고 좀 더 저어 준다. 그다음 콩물 위에 커다란 면이나 삼베 천을 콩물에 띄우고 천 위로 스며드는 물을 떠낸다. 어느 정도 물을 떠내면 몽글한 순두부가 만들어진다. 이 순두부는 그냥 먹으면 고소하고 담백하다. 또 양념간장을 얹어 먹거나, 새우젓을 넣고 바글바글 끓이다 매운 고추를 쫑쫑 썰어 넣어 끓이면 또 다른 별미를 즐길 수 있다.

순두부가 나올 즈음 되면 두부 틀을 준비해야 한다. 마땅한 두부 틀이 없으면 체에 삼베나 면포를 깔아 두부가 새지 않게 한다. 순두부는 식기 전에 틀에 부어야 한다.

두부 모양이 잘 잡히게 하려면 순두부를 두루 잘 붓고, 그 위에 누름판이나 도마를 얹는다. 누름판 위에 물을 담은 그릇을 올려놓으면 물이 더 잘 빠져 두부가 단단해진다. 반대로 누름판을 살짝 얹으면 말랑한 두부가 된다.

여기서 눈치 빠른 사람은 알았을 것이다. 좋은 콩을 골라 갈고 거르고 끓이고 굳히느라 애쓰는 사이에 세 가지 음식이 만들어진다는 것을. 비지에서 순두부, 두부까지 말이다. 만약 '두부'에만 몰두했다면 두부만 만들고 끝났을 시간이다. 하지만 재료를 연구하고 만드는 과정을 잘 살피면 세 가지 요리를 모두 맛볼 수 있다.

물론 실제로 만들어 보면 만만치 않게 손이 많이 가고 힘든 작업이다. 그런 힘듦을 세 가지 별미를 만들어 보는 재미난 시간으로 바꾸는 방법은, 요리와 재료에 대한 애정을 갖는 것이다. 애정이 있으면 음식을 만드는 힘든 시간도 재미있고 행복하다. 만드는 사람이 행복하지 않다면 두부 만들기는 힘든 노동이 될 뿐이다. 그저 노동으로만 생각했다면, 지금쯤 두부는 우리 집에서 사라진 음식이 되었을 것이다.

사는 건 다 마음먹기 나름이라는 말을 두부를 통해 다시 생각해 본다.

푸짐하게 부담 없이 제육덮밥

밥상에 고기반찬이 푸짐하게 올라와야 든든히 잘 먹었다는 생각이 든다. 그럴 때는 기름기가 적은 부위로 요리해서, 푸짐하게 먹어도 부담 없는 제육덮밥이 정답이다.

🏋 재료(1-2인분)

돼지고기 300g, 파 1개, 청고추 1개, 홍고추 1개, 호박 1/4개, 양파 1/2개, 불린 목이버섯 한줌, 고추장 2큰술, 양조간장 1큰술, 고춧가루 1큰술, 다진 마늘 1큰술, 올리고당 2큰술, 들기름 1큰술, 맛술 1큰술, 생강 1작은술, 식용유 1큰술, 후추 약간

🍲 순서

1 돼지고기에 고추장 2큰술, 고춧가루 1큰술, 양조간장 1큰술, 올리고당 2큰술, 다진 마늘 1큰술, 들기름 1큰술, 맛술 1큰술, 생강 1작은술, 후추를 조금 넣고 양념해 놓는다.

2 채소를 조금 길쭉하게 나박썰기하고 고추와 파는 송송 썬다.

3 팬에 식용유 1큰술을 두르고 파를 볶다가 양념된 고기를 넣고 볶는다.

4 고기가 어느 정도 익으면, 양파, 호박, 버섯, 고추 순으로 넣고 함께 볶아 채소가 숨죽을 정도 익으면 밥 위에 얹어 먹는다.

TIP ─────────────────────────────
저렴하지만 쫄깃한 뒷다리살을 이용할 때는 정육점에서 기계로 얇게 썬 것을 구매해 보자. 조리하기도, 먹기에도 좋다.

누가 느끼하다 했는가! 차돌 강된장덮밥

차돌박이는 고소함이 장점이자 단점이다. 기름진 탓에 처음엔 고소하지만, 많이 먹으면 느끼해서 속이 불편해진다. 재래된장에 갖가지 채소와 차돌박이가 만나면 짠맛과 느끼함이 사라지고 깊은 맛이 나는 한 그릇이 된다.

🧮 재료(2-3인분)

차돌박이 250g, 애호박 1/2개, 양파 1개, 파 1개, 청양고추 1개, 홍고추 1개, 두부 1/2모, 된장 2큰술, 다진 마늘 1큰술, 들기름 1큰술, 물 4큰술

🍲 순서

1 호박 1/2개, 양파 1개, 두부1/2모는 작은 깍둑썰기하고, 파와 고추는 송송 썬다.

2 팬에 들기름 1큰술을 두르고 파를 볶은 뒤에, 그 위에 차돌박이를 살짝 익혀 꺼낸다.

3 팬에 남은 기름에 마늘, 호박, 양파, 고추를 넣고 달달 볶다가, 된장 2큰술과 물 4큰술을 넣고 잘 섞어 바글바글 끓인다.

4 재료가 잘 익으면 두부를 넣고 살짝만 더 볶는다.

5 밥 위에 차돌박이와 강된장을 얹어 먹는다.

TIP
짜장밥에서 춘장을 빼고 된장을 넣는다고 생각하고 만들면 이해가 쉽다.

봄 바다가 그리울 때 멍게비빔밥

봄바람이 불어오면 제철 맞은 바닷가 멍게, 양식장엔 멍게들이 줄줄이 올라온다. 꽃처럼 예쁜 제철 멍게는 맛과 향이 진해, 밥에 비벼도 향이 폴폴 살아난다. 한 그릇 비벼 뚝딱 해치우고 나면 몸속을 가득 채운 봄 바다를 느낄 수 있다.

🍳 재료(1인분)

밥 1그릇, 멍게 6-8조각(3-4마리 분), 참기름 1큰술, 상추 3장, 김가루 한 주먹, 적양배추 약간, 쪽파 3개

🍽 순서

1 멍게를 옅은 소금물에 세척한 후 물을 뺀다.

2 양배추, 상추, 쪽파는 잘게 썬다.

3 멍게는 다진다.

4 뜨거운 밥 위에 적양배추, 상추, 김가루, 다진 멍게, 쪽파, 참기름 1큰술을 얹는다.

TIP ───

제철 멍게는 맛과 향이 뛰어나고 가격이 저렴하다. 잘게 다진 멍게를 얼음 틀에 얼려 밀봉해 두면 일 년 내내 멍게 비빔밥을 즐길 수 있다.

이국적인 맛, 파인애플 새우볶음밥

우리나라 사람들은 볶은 과일에 익숙하지 않다. 선입견 없이 먹어 보자. 기대하지 않은 새로운 맛을 즐길 수 있다. 달짝지근한 과육과 함께 새우 살을 톡톡 씹으며, 이국의 정취를 느껴 보자.

📋 재료(1-2인분)

파인애플 1/2개, 밥 1그릇, 피망 1/2개, 당근 1/2개, 자색양파 1/2개, 베이컨 3쪽, 계란 2개, 새우 100g, 참치액 2큰술, 파 1개, 코코넛오일 1큰술, 고추기름 1큰술, 소금 약간

🍽 순서

1 파인애플을 갈라 속을 파내 다져 놓는다.

2 잘게 썬 베이컨을 코코넛오일 1큰술을 두른 팬에 굽고, 여기서 나온 기름에 다진 파를 볶는다. 여기에 계란을 스크램블 하여 덜어 놓는다.

3 팬에 고추기름 1큰술을 더 넣고 굵게 다진 당근, 양파, 피망을 넣고 볶다가, 밥을 넣고 참치액 2큰술을 넣는다.

4 ③에 새우, 미리 준비한 파인애플, 스크램블, 베이컨을 넣어 볶는다. 부족한 간은 소금으로 잡는다.

TIP ───────────────────────────────────

코코넛오일은 호불호가 갈리는 재료이다. 익숙하지 않다면, 고추씨 기름이나 일반 식용유로 대체한다.

계란 너울 속에 보물이 가득 오므라이스

계란은 가장 자주 만나는 식재료 중에 하나다. 옹기종기 모여 있는 재료들 위에 노란 계란을 쓴 오므라이스. 보기만 해도 얼마나 맛있는지 알 것 같은 맛이다. '아는 맛'의 매력에 빠져 보자.

🍳 재료(1-2인분)

식용유 2큰술, 굴소스 3큰술, 케첩 2큰술, 물 1큰술, 밥 한 주걱, 굵게 다진 채소(빨간 피망 1큰술, 노란 피망 1큰술, 양파 1큰술, 햄 1큰술, 파 1큰술, 표고버섯 1큰술), 계란 4개, 우유 2큰술

🍽 순서

1 팬에 식용유 1큰술을 두르고 다진 재료 넣고 볶는다. 채소들이 반투명해지면 밥과 굴소스 1큰술을 넣어 볶는다.

2 굴소스 2큰술, 케첩 2큰술, 물 1큰술을 넣고 살짝 끓인다.

3 계란에 우유를 섞어 식용유 1큰술을 두른 팬에 굽는다.

4 볶은 밥을 접시에 담고 그 위에 소스를 뿌린 뒤에 계란을 올린다.

TIP
계란 너울이 찢어지는 게 걱정이라면, 우유 1큰술에 전분 1/2작은술을 섞어 계란과 섞어 보자. 훨씬 단단해진다.

바람직하고 익숙한 조합 삼겹살 김치볶음밥

입맛은 없는데 배는 고프고, 한 그릇 잘 먹고는 싶은데 뭘 먹어야 할지 모르겠는 날이 있다. 냉장고를 뒤졌더니 자투리 삼겹살과 신 김치만 있다면 큰 고민하지 말고 김치볶음밥에 도전해 보자. 삼겹살과 신 김치의 조합은 늘 바람직하다.

재료(1-2인분)

삼겹살 150g, 신 김치 1/2쪽, 들기름 1큰술, 굴소스 1큰술, 계란 1개, 식용유 1큰술(계란 프라이용), 파 1개, 양조간장 약간, 밥 1그릇

 순서

1 모든 재료를 잘게 썬다.

2 팬에 들기름 1큰술을 두르고 삼겹살을 기름이 쭉 빠져나올 정도로 굽는다.

3 ②에 다진 파를 넣고, 파가 익으면 김치와 굴소스 1큰술 섞은 것을 넣고 살짝 볶다가 밥을 넣고 더 볶는다.

4 모자란 간은 간장으로 잡고 밥이 살짝 눌 때까지 기다렸다가 접시에 담고 계란 프라이를 얹는다.

TIP ────────

완전히 신 김치가 없을 때는, 김치에 식초를 살짝 뿌려 주면 돼지고기의 느끼함을 잡을 수 있다.

멀리 보면 돈가스 가까이 보면 돈가스돈부리

돈가스는 자체로도 맛있지만, 손길을 조금 더하면 또 다른 요리를 만들 수 있다. 이름만 듣고 이국적인 요리일 거라는 선입견은 갖지 않아도 된다. 우리 입맛과 멀지 않은 맛이다. 수상하게 밥을 숨긴 돈가스, 돈가스 돈부리를 만들어 보자.

🏋 재료(1-2인분)

돈가스 2장, 밥 한 주걱, 양파 1/2개, 파 1/2개, 당근 1/5개, 계란 2개, 물 9큰술, 양조간장 2큰술, 참치액 1큰술, 식용유 1큰술, 맛술 1큰술, 설탕 1/2큰술

🍲 순서

1   채소는 길쭉하게 나박썰기하고, 돈가스는 튀긴다.

2   식용유 1큰술을 두른 팬에 채소를 살짝 볶다가, 양조간장 2큰술, 참치액 1큰술, 물 9큰술, 설탕 1/2큰술, 맛술 1큰술을 붓고 끓인다.

3   ②에 돈가스를 잘라 넣고, 계란을 풀어 부은 후 뚜껑을 닫아 약한 불에 익힌다.

4   밥 위에 돈가스와 익힌 채소와 계란 국물을 담는다.

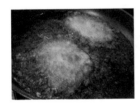 

TIP
녹눅한 돈가스가 싫다면, 국물을 따로 끓여 밥에 먼저 얹고 돈가스는 먹기 직전에 얹는다.

밥은 버릴 수 있는 음식이 아니었다

어제 먹고 오늘도 먹고, 내일 먹어도 또 먹게 되는 음식은 단연 밥 하나뿐이다. 아무리 맛있는 음식을 먹는다고 해도 매일 먹으면 어쩔 수 없이 질리기 마련이다. 하지만 밥은 따라붙는 메뉴에 따라 너무나 익숙해서 편안한 끼니가 되기도 하고, 생각지도 못한 재미난 한 끼가 되기도 한다.

초등학교 시절이었다. 뉴스에서 땅속 깊은 곳 토탄층에서 탄화된 볍씨가 나왔는데 검사를 해보니 오천년 이상 된 것이라, 한반도에서 쌀을 주식으로 먹기 시작한 것이 최소 오천 년 이상이라고 하였다.

처음 이 소식을 듣고 나는 아버지에게 물었다.

"그럼 오천년 전엔 뭘 먹고 살았어요? 밥 없이 어떻게 산 거예요?"

대대로 쌀농사를 지으신 아버지께서는 아무 말씀도 못하셨다. 지금 생각해 보면 밥이 아니면 빵을 먹던 시절도 아니었고, 아버지도 답을 상상할 수 없었던 것 같다.

밥이 아니면 다른 답은 상상할 수도 없던 시절을 지나, 밥이 아니면 빵도 먹고 라면도 먹고, 국수도 먹고 고기를 먹어도 되는 지금 우리는 여전히 이렇게 묻는다. "밥 먹었어?", "밥 해 줄까?", "밥 뭐 먹을래?", "오늘 저녁밥은 뭐예요?"라고 말이다. 이처럼 밥은 우리에게 끼니를 대신 하는 말이기도 한 것이다.

어릴 때, 밥을 먹다 조금 남기거나 밥알로 장난을 치면 어른들의 불호령이 떨어졌다. 세상 너그럽기가 끝없던 할머니도, 이때만큼은 편을 들어주지 않으셨다. 할머니는 밥을 버리면 밥풀을 주워 먹는 지옥에 떨어진다는 협박(?)을 하시며 수저나 밥그릇에 붙은 밥알 한 개도 버리지 못하게 꼭 집어 입에 넣어주었다. 먹지 못할 거면 미리 덜 달라고 말하거나, 덜어내고 먹어야 했다. 밥은 절대 버릴 수 있는 음식이 아니었다.

2018년 9월 여의도에서 농민집회가 열렸다. 2018년 9월 기준, 대한민국에서 밥 한 공기를 짓는데 쓰이는 쌀값 기준가가 230원이란 믿기지 않는 사실에 분개한 농민들이 들고 일어나, 쌀값 인상을 촉구하는 집회였다. 자판기 커피값만큼도, 껌 한 통만큼도 안 되는 쌀값의 비극적인 현실을 사람들은 잘 모른다. 단순히 가격으로 보자면, 귀했던 밥이 천덕꾸러기가 됐다는 말이다.

못 먹던 시절이라면 기함할 이야기지만, 현재 우리나라에선 쌀맛 좋고 수확량 많은 신품종은 환영받지 못한다. 넘치는 쌀 재고를 감당할 수 없는데, 밥맛 좋고 수확량 많은 쌀이 재배되면 일반 쌀은 경쟁력이 더 없어지기 때문이다. 보릿고개에 풀뿌리로 먹고 살던 시절이 그리 먼 시절의 이야기가 아니다. 그 짧은 세월이 지나고 나니, 쌀이 너무 많아서 오히려 나라 살림에 부담이 되는 세상이 된 것이다.

아무리 먹어도 또 먹을 수 있는 밥, 익숙해서 더 정겨운 밥, 어떤 찬과 함께하느냐에 따라 맛과 멋이 완전 달라지는 밥이 더 이상 소중하지 않은 걸까?

그런데 농사꾼이 아닌 주부 입장에서 보면 꼭 그런 건 아닌 것 같다. 쌀값이 지독하게 내려가도 맛있는 쌀이라고 손꼽히는 쌀은 일반 쌀보다 훨씬 비싸도 없어서 못 파는 지경이다. 또한 밥맛 좋게 하는 전기 압력솥은 가격이 아무리 비싸도 잘 팔려

나간다. 뿐인가? 편의점의 간편식 코너나 인스턴트 음식을 봐도 밥이나 밥과 함께 먹는 반찬이 늘어나고 있다.

예전에 비해 먹는 양은 줄어들었지만, 밥 자체는 인스턴트나 빵 등의 밥 대용 음식에 비해 건강식이라는 이미지가 더 강해지고 있다. 살아내기 위해 꾹꾹 눌러 담아 먹었던 밥이, 건강하고 행복하게 누리는 삶을 위한 한 부분으로 변화한 것이다. 나는 주부이다. 아이들의 포동한 볼에, 남편의 어깨에 밥의 힘이 가득 담기길 바라며 오늘도 한 그릇 밥을 짓는다.

Part2
상처받은 위(we)를 위한
한 그릇

속도 쉬어야 할 때 흰죽

힘내자, 전복죽

우유의 영양이 가득 타락죽

고기죽 안 부럽다, 콩죽

국과 밥으로 만드는 국죽

몸과 마음에 평화를 호박죽

고소함에 어깨가 들썩 깨죽

입안에서 툭툭 터지는 재미 옥수수죽

귀한 당신을 위한 잣죽

소의 힘을 그대에게 소고기죽

속도 쉬어야 할 때 흰죽

소화가 잘 되는 음식의 대표 죽! 그중에서도 흰죽은 병후의 환자나 어린 아이들에게 좋은 음식이다. 온갖 화려한 음식에 지친 우리 위에 휴식이 되는 음식이다.

재료(1-2인분)

찹쌀 3큰술(멥쌀 가능), 물 2컵(400ml)

순서

1 찹쌀 3큰술을 씻어 불린다.

2 불린 쌀에 물 2컵을 넣고 뚜껑을 연 채 가열한다.

3 끓기 시작하면 저으면서 불을 살짝 줄인다.

4 계속 끓이다 보면 쌀알이 밥알처럼 커지는데, 이때 불을 줄여 약
   10분간 뜸 들인다.

TIP

죽의 맛은 잘 씻은 쌀이 좌우한다. 쌀을 씻을 때는 맑은 물이 나올 때까
지 잘 헹궈 준비한다.

힘내자, 전복죽

전복은 기력을 회복하는 데 효과가 뛰어난 재료이다. 소화 흡수가 잘되는 죽으로 요리하면, 환자식이나 건강식으로 가치가 높다. 입맛 없고 기운 없을 때, 전복죽 끓여 푹푹 떠먹고 힘을 내 보자.

재료(2-3인분)

전복 5마리, 불린 찹쌀 1/2컵, 물 4컵, 참기름 2큰술, 소금 약간, 다진 양파 2큰술, 다진 당근 2큰술

🍛 순서

1 전복을 솔로 씻고 껍질과 분리한 뒤, 주둥이와 내장을 떼고, 2마리는 자르고 3마리는 칼집을 넣는다.

2 내장을 다져 참기름 1큰술을 넣고 볶다가 불린 찹쌀을 넣고 반투명해질 때까지 다시 볶는다.

3 ②에 물을 붓고 저어가며 끓인다. 국물이 걸쭉하게 끓으면 불을 줄이고 전복을 넣는다. 소금으로 간을 조절한 뒤, 5분간 뜸을 들인다.

4 참기름 1큰술을 반으로 나누어 양파와 당근을 각각 살짝 볶아 죽 위에 올린다.

TIP

전복을 껍질과 분리할 때 숟가락을 이용하면 훨씬 편하다.

우유의 영양이 가득 타락죽

완전식품이라는 별명이 있을 만큼 영양이 풍부한 우유. 그냥 마셔도 충분히 맛있지만, 죽으로 만들면 더 고소하고 부드럽다. 맛있고 몸에도 좋아 임금님 밥상에 올랐다는 타락죽, 우리 밥상에도 올려 보자.

재료(1-2인분)

우유 2컵, 찹쌀 1/2컵, 물 2컵, 소금 또는 설탕 약간

순서

1 찹쌀 1/2컵을 씻어 불린다.

2 불린 찹쌀에 물 1컵을 넣고 믹서에 간다.

3 간 찹쌀에 물 1컵을 더 넣고 저으며 끓인다.

4 죽이 투명하게 익으며 덩어리가 지면, 우유 2컵을 2-3번에 나눠
   넣고 잘 저으며 끓인다.

5 기호에 따라 소금이나 설탕을 첨가한다.

TIP
우유 자체에 짠맛과 단맛이 있으니, 소금이나 설탕은 아주 조금만 넣는
것이 좋다.

고기죽 안 부럽다, 콩죽

콩은 밭에서 나는 고기라고 불릴 만큼 단백질 함량이 높다. 밥에 넣어 먹는 잡곡 중 가장 보편적인 잡곡이 콩일 만큼 쌀과의 궁합도 좋다. 끓일수록 고소하고 맛있다.

재료(1-2인분)

쥐눈이콩 1/2컵, 쌀 1/2컵, 물 5컵, 들기름 1작은술, 소금 또는 설탕 약간

🍽 순서

1 쌀과 콩을 따로 씻어 불린다.

2 불린 콩이 끓어오를 때까지만 삶는다. 이 콩을 물 1컵과 믹서에 갈고 체에 거른다.

3 물 4컵에 불린 쌀을 넣고 저어가며 끓이다, 용암처럼 끈적하게 끓어오르면 콩물과 들기름 1작은술을 붓고 끓인다.

4 끓기 시작하면 계속 저으며 불을 줄여 쌀이 푹 퍼질 때까지 뜸을 들인다. 소금이나 설탕을 약간 넣어 간한다.

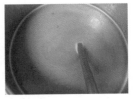

TIP

들기름은 고소한 맛을 더해 주는 역할을 하지만, 거품을 죽이는 소포제 역할도 한다. 콩물을 오래 끓여야 할 때 거품 제거에 유용하다.

국과 밥으로 만드는 국죽

먹다 남은 국과 밥이 있다면 순식간에 죽으로 만들 수 있다. 잔치국수 국물, 된장국 국물, 김칫국 국물, 샤브샤브 국물 등 어떤 국물이든 맛죽으로 변신이 가능하다. 다양하고 만들기 쉬운데다, 맛도 빠지지 않는다.

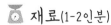 재료(1-2인분)

국 국물 2컵, 물 1/2컵, 밥 1/2컵, 계란 한 개

 순서

1   국 국물 2컵과 물 1/2컵을 끓인다.

2   밥 1/2컵을 넣고 밥이 풀어질 때까지 저어가며 끓인다.

3   계란에 파를 썰어 넣은 뒤, 뭉치지 않게 잘 풀어 넣는다.

4   계란이 풀어짐과 동시에 불을 끈다.

 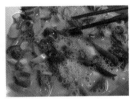

TIP ───────────────

계란을 풀어 끓는 국물에 풀어 넣는 것을 줄알치기라고 한다. 계란을 체에 거르면 훨씬 부드러워진다.

몸과 마음에 평화를 호박죽

화를 많이 낸 날엔 호박죽을 먹으라는 말이 있다. 맛있는 음식을 먹어 화를 풀라는 의미도 있고, 화를 내면서 쌓인 독을 호박으로 풀어 수라는 의미도 있다고 한다. 호박은 몸속에 쌓인 노폐물을 배출해 주는 데 효과적이다. 지금 스트레스를 받고 있다면, 망설이지 말고 호박죽을 끓여 보자.

재료(3-4인분)

보통 크기 늙은 호박 1/3개(또는 일반 단호박 1개), 물 4컵, 찹쌀 1컵, 소금 1큰술, 설탕 4큰술

순서

1 찹쌀 1컵을 씻어 불린다.

2 감자 깎는 칼로 껍질을 벗기고 속을 파서, 적당한 크기로 자른다.

3 호박을 전기 압력솥에 물 3컵과 함께 넣고, 찜 기능으로 1시간 정도 돌리고 주걱으로 짓이긴다.

4 불린 쌀 1컵과 물 1컵을 믹서에 간 뒤, 풀어진 호박과 함께 저어가며 약한 불에 끓이다가 마지막에 소금과 설탕을 넣는다. 호박의 당도와 취향에 따라 소금과 설탕의 양을 조절한다.

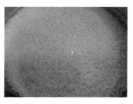

TIP ───────────────────────
호박이 너무 커서 많이 남았다면, 손질하여 썰어 지퍼 백에 담아 냉동하면 그때그때 쓸 수 있다.

고소함에 어깨가 들썩 깨죽

깨 하면 떠오르는 단어는 고소함이다. 보통은 그 고소함을 즐기기 위해 기름을 짜서 먹지만, 곱게 가루 내서 죽을 쑤어 먹으면 기름과는 또 다른 느낌의 고소함을 즐길 수 있다. 어깨가 들썩일 만큼 고소한 깨죽을 만들어 보자.

재료(2-3인분)

껍질 벗긴 들깨가루 1컵, 불린 쌀 1/2컵, 물 4컵, 참치액 1큰술

순서

1 불린 쌀과 물 3컵을 냄비에 넣고 끈적해질 때까지 끓인다.

2 물 1컵에 들깨가루를 타 놓는다.

3 죽이 부글부글 끓을 때쯤, 물에 탄 들깨가루를 붓고 저어가며 끓인다.

4 죽이 끓어오르면 참치액을 넣고 불을 줄여 잘 저어가며 5분간 뜸을 들인다.

 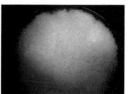

TIP ───────────────────────────────────────
들깨가루 대신 참깨를 사용하면 또 다른 고소함을 맛볼 수 있다.

들깨 잎이 깻잎이야?

지난여름 친구들과 오랜만에 모여 밥을 먹었다. 거기에는 시골에 사는 친구도 있었고, 도시에서 나고 자란 이도 있었다. 대화가 가족의 대소사에서 아이들 크는 이야기를 거쳐 먹거리로 바뀔 무렵이었다.

이야기 주제는 어느새 깻잎 김치로 가 있었다. '동네마다 만드는 법이 다르다, 이름도 다르다, 맛있게 만들려면 이렇게 해야한다, 깻잎은 이때 많이 나온다.' 등등 깻잎 하나로 대화가 꼬리에 꼬리를 물고 있는데, 누군가 말했다.

"올해는 잎이 넓은 들깨를 심었더니 깻잎이 튼실한 게, 깻잎 김치 담그기 딱 좋은 것 같아."

그러자 한 친구가 깜짝 놀라 물었다.

"들깨 잎이 깻잎이었어?"

나는 그 친구가 농담을 하는 건가 생각했다. 그런데 다른 친구
도 놀라는 바람에 농담이 아니라는 것을 알게 되었다.

"진짜? 깻잎이 들깨 잎이야?"

나는 얼른 그 친구들에게 물었다.

"그럼 지금까지 먹었던 깻잎이 어떤 식물의 잎이라고 생각했
어?"

친구는 뜨악한 내 표정에 얼버무리며 말했다.

"그냥 어떤 채소의 잎사귀인 줄 알았지."

그때 또 다른 친구도 덩달아 말했다.

"그럼 참깨의 깻잎은? 참깨 잎도 먹어?"

도시에서 나고 자란 사람이라면 그럴 수 있다. 그런데 내가 놀
란 건 그네들 때문이 아니다. 나와 함께 시골에서 나고 자란 친
구들 중에도 모르는 친구들이 있다는 사실이다. 하물며 그들
은 동네마다 깻잎 김치 맛이 다르고, 깻잎을 어떤 음식에 넣으
면 맛이 더 좋다는 것까지 알고 있다. 동네에서 요리 좀 한다
는 그 친구들이 깻잎이 어떤 식물의 잎인지 모르고 있었다니!
그 일이 있고 나서 도시에서 나고 자란 사람들에게 물었더니,
생각보다 깻잎을 모르는 사람들이 많았다. 뿐인가? 친구 중에
어떤 이는 시골로 시집을 가서 처음으로 깨가 어디에서 나오

는지 알았다고 한다.

친구들과의 모임이 있던 날 저녁, 들깨와 깻잎의 관계를 몰라도 무리 없이 깨로 요리를 해서 먹는다는 사실이 새삼 재미나게 다가왔다

자, 그럼 말이 나온 김에 깻잎과 들깨에 대해 알아보자. 우선 깻잎은 잎이고, 들깨는 열매이다. 조금 깊이 들어가 보자면, 우리가 먹는 깨는 '열매를 먹는 들깨'와 '잎을 먹는 들깨'로 나누어 심기도 한다. 잎 수확을 목표로 하느냐, 열매 수확을 목표로 하느냐에 따라 조금 더 유리한 씨앗을 심는 것이다. 하지만 잎들깨 깻잎도 들기름을 짤 수 있고, 열매들깨 잎도 잎들깨로 사용할 수 있다.

얼마 뒤, 함께 밥을 먹었던 친구 중 몇과 주변 사람들에게 깻잎을 나눠 준 일이 있었다.

들깨의 꽃눈이 나오기 직전 깨 수확량을 늘리기 위해 순을 잘라 주는 작업을 하는데, 그때 순에 붙은 깻잎도 함께 따게 된다. 이때 나오는 깻잎이 많아서 나눠 주기로 한 것이다. 일반적으로 깨 수확을 목적으로 하는 깻잎과 모양이 조금 달랐지만, 사람들의 반응은 꽤 좋았다.

사실 내 깻잎은 보통 깻잎보다 못생긴 편이다. 크기가 제각각인데다, 친환경 재배다 보니 벌레 구멍이 숭숭 나 있다. 이런 깻잎을 처음 보는 사람은 이게 깻잎이 맞는가 싶을 정도이

다. 나중에 물어 보니, 깻잎 장아찌, 나물, 김치 등을 만들어 '잘' 먹었다고 했다. 다들 생김새에 불편해하지 않았고 맛있게 먹어 줬다.

이제 그 여름날의 친구들은 깻잎이 무엇의 잎인지 확실히 알게 되었다. 게다가 참깨의 깻잎은 먹지 않는다는 것도 알게 되었다. 뿐인가! 그들은 노지의 진한 햇살과, 바람과, 빗물이 키워낸 깻잎의 향도 두고두고 기억할 것이다.

요리를 만드는 사람이 지금 먹고 있는 재료가 어떤 식물이고, 어떻게 재배되며, 어떤 특징과 맛을 가지고 있는지 아는 것은 중요하기도 하고 그렇지 않기도 하다. 다만 맛있는 음식은 만들기 위해 노력하는 사람이라면, 노랗게 껍질 벗긴 들깨가루로 깨죽을 끓이거나, 들기름 넣고 달달 볶아 김치볶음밥을 만들거나, 파들파들 들깨칼국수를 끓이며, 그 안에 숨은 향이 궁금하고 이를 알아보려 노력할 것이다.

맛과 향을 느끼고 알고자 노력하는 이들의 음식은 맛있을 수밖에 없다. 더 맛있고 질 좋은 농작물과 그것을 키우는 농부를 찾는 것도 당연한 일이다. 농부는 제대로 키운 농산물을 알아주는 사람을 만날 때 행복하다. 서로의 말을 귀담아 듣는 농부와 요리사는 서로가 서로를 키우는 스승이자, 친구이다.

입안에서 툭툭 터지는 재미 옥수수죽

옥수수는 쫀득하고 달짝지근한 맛이 일품인 여름철 대표 간식이다. 그냥 쪄 먹어도 맛있지만, 죽으로 먹어도 별미다. 툭툭 터지는 옥수수 알과 죽의 부드러움이 잘 어우러진다.

⚖ 재료(1-2인분)

찐옥수수 알 1/2컵, 찹쌀 1/2컵, 팥 1큰술, 물 4컵, 소금 1/2작은술, 설탕 1큰술

🍲 순서

1 찹쌀 1/2컵, 팥 1큰술, 찐옥수수 알을 물에 불린다.

2 불린 팥을 무를 때까지 삶는다.

3 삶은 팥, 찹쌀, 옥수수에 물을 붓고 끓인다.

4 쌀알이 밥알로 변하고 국물이 걸쭉해지면, 소금 1/2작은술과 설탕 1큰술을 넣고 잘 저어가며 약한 불에 20분 정도 뜸 들인다.

TIP

풋옥수수는 따서 바로 쪘을 때, 가장 달고 부드럽다. 싱싱한 옥수수를 쪄서 급냉한 후 데워 먹어도 맛있고, 알을 떼어 밥이나 죽에 넣어 먹어도 맛있다.

귀한 당신을 위한 잣죽

중국 고서에 의하면, 잣은 오래 먹으면 몸이 가벼워지고 더 오래 먹으면 신선
이 된다고 한다. 그만큼 몸에 좋다는 뜻이다. 잣을 따고 까서 우리 입까지 들
어오는 과정을 보면, 꼭 신선이 되지 않아도 귀하게 여겨야 할 재료다. 귀한
당신을 위해, 귀한 잣으로 죽을 끓여 보자.

⚖️ 재료(1-2인분)

잣 1/2컵, 찹쌀 1/2컵, 물 4컵, 소금 약간

🍽 순서

1 믹서에 쌀 1/2컵과 물 1/2컵을 넣고 간다.

2 믹서에 잣 1/2컵과 물 1/2컵을 넣고 간다.

3 간 쌀과 물 3컵을 넣고 끓인다.

4 죽이 끓으면 잣을 넣고 저으면서 약한 불에서 잠깐 끓인다.

 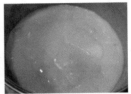

TIP ────────────────────────────────
잣죽을 끓일 때 쌀과 함께 잣을 갈면 죽이 삭는다. 잣은 되도록 마지막에
넣는다. 소금도 먹기 직전에 넣어야 죽의 질감을 살릴 수 있다.

소의 기운을 그대에게 소고기죽

요즘에야 소가 젖과 고기를 주는 보통 가축이지만, 과거에는 장정 여럿의 몫을 거뜬히 해내는 일꾼이자, 젖과 고기까지 제공하는 친절하고 고마운 가축이었다. 고맙고 든든한 소의 힘을 죽에 가득 담아 보자.

재료(1-2인분)

다진 소고기 100g, 당근 1/4개, 양파 1/4개, 쌀 1/2컵, 참치액 1큰술, 참기름 1큰술, 물 4컵

 순서

1   쌀 1/2컵을 씻어 불리고 당근과 양파를 다져 놓는다.

2   참기름을 두르고 다진 양파와 당근을 볶다가, 다진 소고기를 넣고 볶는다.

3   ②번 채소와 고기에 불린 쌀을 넣고 반투명해질 때까지 볶는다.

4   물을 붓고 걸쭉하게 끓어오를 때까지 잘 젓다가, 참치액을 넣고 불을 줄이고 잘 저어가며 약 5-10분 동안 뜸 들인다.

TIP ─────────

환자 치유식이 아니라면, 고기를 굵직하게 넣는 것도 좋다. 고기 입자가 크면 씹는 맛이 살아 있어 또 다른 별미다.

쓸쓸한 날에, 쌀을 씻어 죽을 끓이자

어릴 적 나는 유난히 편도가 약했다. 환절기가 시작되거나, 조금 피곤하거나, 주변 누군가가 감기에 걸리면 곧장 편도가 부어 열이 났고 온몸이 아파 며칠을 앓았다. 그럴 때면 나와 한방을 쓰던 할머니가 두툼한 이불을 꺼내 덮어 주고, 아스피린을 먹이고 이마에 찬 물수건을 얹어 주었다. 이렇게 좀 있다 보면 스르륵 잠이 들었고, 눈을 떠 보면 온몸에 통증이 사라진 뒤였다.

지금 생각해 보면, 아무리 약을 먹는다 해도 며칠은 아파야 정상인데 그냥 하룻밤 끙끙 앓고 나면 나았던 게 신기한 일이다. 아이 특유의 회복 탄력성 덕분이었을까? 하지만 통증은 나았어도 열로 크게 앓고 일어난 아침이면, 떫은 감을 먹은 것처럼 입이 쓰고 뻑뻑했다. 그런 날엔, 할머니가 늘 뽀얀 죽을 끓여 주었다.

특별한 레시피는 없었다. 석유풍로에 불린 쌀을 넣고 끓이거나, 밥덩이를 물에 넣고 풀어지도록 끓여 주는 게 다였다. 그런데 따뜻한 죽을 후후 불어 먹고 나면, 뒷목 어딘가에 조금 남아 있던 어지럼이나 묵지근한 감각이 말끔히 사라졌다.

'대체 죽이 뭐라고….'

그저 쌀과 물로 이뤄진, 따뜻하고 부드러운 한 그릇일 뿐이었다. 맛이라고도 할 수 없는 묘한 밍밍함, 함께 먹는 반찬이라고는 소금 간한 시금치나물이나, 비름나물, 강짠지, 동치미…, 그것도 없으면 맨 간장 한 수저가 다였다. 그게 뭐라고 그렇게 병을 씻어 줬는지 알다가도 모를 일이다.

상당히 건강한 편인 내 아이들도 가끔 아플 때가 있다. 아프면 일단 병원에 다녀와 약을 먹이고 해열을 하면서 쌀을 불린다. 어릴 때 돌봄을 받는 입장에서는 잘 몰랐는데, 아이를 키워 보니 열을 앓는다는 건 생각보다 심각한 병이다.

열이 심하면 심할수록 아이는 많이 아파하고, 자칫 영구적으로 건강이 상할 수도 있기 때문에 열을 내려 주는 게 정말 중요하다. 아이가 아프면 아이 옆에서 온밤을 꼬박 새워야 하고, 지친 몸으로 가족과 아이가 먹을 것까지 챙겨야 한다. 심하면 열이 내리기 전까지 잘 먹지도 못하고, 먹었다가도 토해 버리기 십상이다. 아이에게 뭐든 먹이고 싶어도 먹일 수 없는 상황이다.

아이를 낳아 기르며 알게 되었다. 할머니가 끓여 주신 죽의 의미를 말이다. 할머니는 불 피우기도 불편했던 시절, 밤새 간호하느라 지친 몸을 이끌어 풍로에 죽을 끓여 주었다. 죽은, 그냥 소화가 잘되는 음식이 아니었다. 금쪽같은 아이가 얼른 낫기를 바라는 마음을 가득 담은 약이자, 휴식이자, 사랑이었다.

어른이 되고 나니 가끔, 쓸쓸한 날이 있다. 그런 날은 아프지 않아도 아픈 것처럼 입맛이 없고 기운이 없다. 그럴 때는 쌀을 씻고 죽을 끓인다. 내가 내 손으로 끓인 죽이지만, 어릴 적 할머니가 풍로에 끓여 후후 불어 입에 넣어 주던 죽처럼 밍밍하고 별 맛없는 뽀얀 죽이다.

한 수저 한 수저, 입맛이 없어도 꿀떡꿀떡 잘 넘어간다. 연하고 하얀 죽을 후후 불어 먹으면 마음에 스민 한기가 스르르 풀어진다. 아플 때 내 배를 쓰다듬어 주던 할머니의 손길 같은 연한 죽 한 그릇에서 몸과 마음의 평안을 얻는다.

Part3
입맛 살려 주는
호로록 국수 한 그릇

흥겨운 국물 맛 잔치국수

바람이 분다 먹어야겠다, 제물국수

카레와 우동의 운명적 만남 카레우동

단짠의 정석 볶음우동

화려한 유혹 잡채

맛없으면 반칙 닭칼국수

쫄깃하고 아삭한 차돌박이 숙주쌀국수

제주가 내 젓가락에 고기국수

눈 돌아가는 매콤함 골뱅이소면

어죽 품은 국수 어탕국수

흥겨운 국물 맛 잔치국수

잔치음식에 국수가 나오는 이유는 기다란 모양처럼 주인공이 오랫동안 잘 살기를 바라는 마음이라고 한다. 간단하고 맛있는데, 여럿이 나눠 먹기 좋은 음식이라 먹는 사람도 만드는 사람도 마음이 넉넉해진다. 이름처럼 흥겨운 잔치국수를 만들어 보자.

🍲 재료(1-2인분)

멸치 한 주먹, 황태포 한 주먹, 다시마(10×10) 2장, 물 1L, 파 1개, 다진 마늘 1큰술, 계란 2개, 참치액 1큰술, 국간장 1큰술, 소금 약간, 소면 200g

🍽 순서

1 멸치와 황태포를 각각 한 주먹씩 넣고 달달 볶다가, 구수한 냄새가 나면 다시마를 넣고 물 1L를 붓는다.

2 끓기 시작하면 불을 줄이고 10분 뒤 멸치와 다시마를 건진다. 여기에 참치액 1큰술과 국간장 1큰술을 넣는다.

3 계란 2개에 파를 넣어 잘 저은 뒤, 끓는 육수에 넣고 소금으로 간을 잡는다.

4 소면을 삶아 찬물에 헹궈 면기에 넣고, 육수에 토렴하여 담는다.

 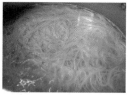

TIP
토렴이란 끓는 육수를 밥이나 국수에 부었다가 빼내는 것을 말한다. 찬물에 씻은 면은 차갑기 때문에 육수를 바로 부으면 국수가 미지근해진다. 펄펄 끓는 육수에 두 번 정도 토렴하면 속까지 따끈따끈한 국수를 먹을 수 있다.

바람이 분다 먹어야겠다, 제물국수

제물국수는 양념된 국물에 면을 넣어 끓여 먹는 방식의 요리를 말한다. 일반 국수보다 쫄깃한 식감은 덜 하지만, 국수를 찬물에 헹구지 않다 보니 국물의 뜨거움을 면이 그대로 품고 있어 더 따끈하다. 맵싸한 바람에 코끝이 시린 날, 끓여 보자.

재료(1-2인분)

김치 1/4쪽, 김치국물 1국자, 소면 100g, 다시마(10×10) 2장, 국멸치 10마리, 황태채 10조각, 물 900ml, 참치액 1큰술, 소금 약간

순서

1 다시마, 멸치, 황태 물 900ml로 육수를 우려낸다.

2 우려낸 육수에 송송 썬 김치와 김치국물을 넣고, 참치액 1큰술을 넣는다.

3 국물이 팔팔 끓으면 소면을 넣는다.

4 면이 서로 달라붙거나 국물이 넘치지 않게 잘 저어가며 약 3-4분간 끓인다. 기호에 따라 소금으로 간을 잡는다.

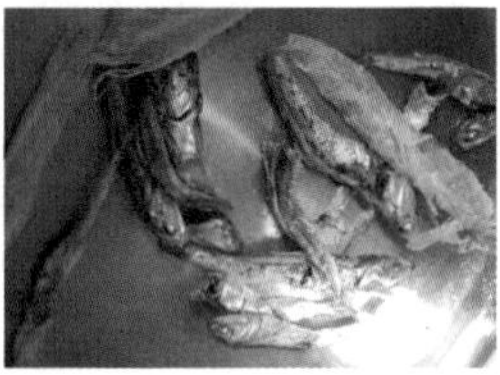

TIP

소면 1인분의 양을 모를 때는 엄지와 검지 사이에 국수를 집어 꽉 차는 정도를 1인분으로 보면 된다.

카레와 우동의 운명적 만남 카레우동

카레는 밥을 비벼 먹는 게 보통이지만, 면에도 잘 어울린다. 면발이 얇으면 카레 소스가 끈적거려 면의 맛을 죽이기 쉽다. 반면 우동은 면이 통통하고 튼튼해서, 카레의 강한 맛을 다 받아 준다. 카레를 좋아한다면 면에도 도전해 보자.

재료(3-4인분)

카레가루 100g, 당근 1/2, 양파1, 파1, 감자1, 호박 1/2, 돼지고기 200g,
방울토마토 1컵, 우동면 3개, 식용유 2큰술, 다진 마늘 1큰술, 물 3컵,
후추 약간

순서

1 토마토를 제외한 채소와 고기를 깍둑썰기한다.

2 팬에 식용유 2큰술을 두르고 파, 마늘, 고기, 당근, 감자, 호박, 양파,
   순으로 넣어 볶는다. 채소들이 반투명해지면 물 2컵을 붓고 끓인다.

3 감자가 익었으면, 카레가루를 물 1컵에 섞어 붓고 토마토를 넣고
   잘 젓는다.

4 후추를 넣고, 불을 줄여 잠시 뜸을 들이는 사이에 우동면을 끓는
   물에 데쳐 카레와 담아낸다.

TIP ──────────────────────────

카레에 토마토, 사과, 파인애플 같은 과일을 넣어 보자. 풍미가 훨씬 깊
어진다.

단짠의 정석 볶음우동

우동은 이제 라면만큼 익숙하고 누구나 즐겨 먹는 음식이 되었다. 국물 우동도 좋고, 우동면이 들어가는 다양한 요리도 좋다. 그중에 화려하고 달달하고 짭짤하게 맛을 낸 볶음우동 한 그릇 어떨까? 거기에 들어간 채소와 해물류도 맛이 일품이다.

재료(1-2인분)

주꾸미 다리 2개 정도, 절단 꽃게 1개, 바지락 7개, 새우 5마리, 숙주나물 한 주먹, 표고버섯 1개, 적양배추 한 주먹, 양파 1/2개, 파 1개, 홍고추 1개, 당근 1/4개, 참치액 1큰술, 양조간장 1큰술, 식용유 2큰술, 올리고당 1큰술, 맛술 2큰술, 우동면 1개

순서

1 조개를 제외한 어패류를 데친다. 고추는 잘게, 나머지 채소는 나박썰기를 한다.

2 팬에 식용유 2큰술을 두르고 파, 마늘을 볶다가 당근, 양배추 표고버섯, 바지락을 넣는다.

3 양파가 반투명해지면 데친 어패류를 넣고, 맛술 2큰술, 양조간장 1큰술, 참치액 1큰술, 올리고당 1큰술, 고추를 넣고 볶는다.

4 데친 우동면과 숙주를 넣은 뒤, 살살 뒤집어 불을 끈다.

TIP
레토르트면보다 냉동 우동면이 볶음우동에 더 적합하다.

화려한 유혹 잡채

푸짐하게 차려야 하는 상에 약방에 감초처럼 등장하는 잡채. 다양한 채소와
고기를 한 접시에 먹을 수 있다는 점도 좋지만, 형형색색 눈으로 먹는 재미도
즐거운 음식이다. 정성도 영양도 맛도 가득한 잡채를 만들어 보자.

재료(2-3인분)

당면 200g, 돼지고기 150g, 양파 1개, 당근 1/2개, 불린 목이버섯 한 주먹, 피망 1/2개, 청고추 3개, 홍고추 3개, 참기름 5큰술, 양조간장 4큰술, 설탕 2큰술, 식용유 6큰술, 소금 약간, 마늘 1작은술, 맛술 1큰술, 통깨 1큰술, 물 8컵(당면 삶는 용), 양조간장 2/3컵, 식용유 1큰술

순서

1 돼지고기에 양조간장 1큰술, 마늘 1작은술, 맛술 1큰술, 참기름 1큰술을 넣어 양념하고, 채소는 채 썬다.

2 채소는 종류별로 식용유 1큰술과 소금을 조금 넣어 따로따로 볶고, 마지막에 고기를 볶는다.

3 물 8컵에 양조간장 2/3컵, 식용유 1큰술을 넣고, 끓기 시작하면 당면을 넣고 면이 보들보들해질 때까지 약 7-8분 정도 삶는다.

4 삶고 볶은 모든 재료를 볼에 넣고, 양조간장 4큰술, 설탕 2큰술, 참기름 4큰술, 통깨 1큰술을 넣고 버무린다.

TIP

기름질 수밖에 없는 잡채가 거북하다면, 피망이나 시금치 대신 매운 고추를 넣는다.

우리 집 밥상은 현재 무사하다

결혼해서 처음 남편에게 맛이 이상하다는 말을 들은 음식이
있다. 바로 김칫국이었다. 국을 한 수저 뜬 남편이 인상을 찌
푸리며 말했다.

"어? 이거 맛이 왜 이래?"

나는 그때 갓 시집 온 새색시였다. 무조건 맛있게 먹어 주길
바랐던 나는 내가 뭔가 큰 실수라도 했나 싶어, 신경이 바짝
곤두섰다. 하지만 아무리 먹어 봐도 전혀 이상하지 않아 왜 그
러느냐고 물었다.

"국물이 이상해. 우리 엄마가 끓여 준 거랑 달라."

그때까지만 해도 세상없이 듬직하고 멋있던 남자가, 세상에! '우리 엄마가 끓여 준 국물 맛'을 운운하는데 잠깐 방전된 것처럼 멍했다. 결혼 전까지 요리 좀 한다는 아가씨였던 나에겐 충격이 컸다.

나는 15대 넘게 500미터 반경 안에 집성촌에서 자랐고, 사돈에 팔촌 다 찾아 봐도 다 같은 지방 출신인 사람들 틈에서 살았다. 때문에 각 지역의 음식 맛이 다를 수 있단 생각 자체를 안 하며, 오직 '우리 동네'식 음식만 먹고 자랐다.

내가 자란 곳은 바다와 평야를 끼고 있어, 바다 생선과 젓갈이 상에 자주 올라왔다. 강 하구도 접해 있어 민물 생선을 접할 기회도 많았다. 또 쌀이 좋기로 유명한 동네라 쌀로 만든 주전부리나 술이 흔했고, 들과 물의 재료가 넉넉해 여러 식재료를 풍족하게 접한 편이었다.

그런데 다양한 음식을 접하는 데는 완전히 우물 안 개구리였다. 나는 종종 지방 음식의 낯선 향이나, 난생 처음 접하는 재료들, 지방색이 너무 강한 음식이 맞지 않아 고생을 하곤 했다. 특히 여행지에서 먹는 음식 때문에 난감한 적도 많았다.

그런 나와, 실향민 출신의 시댁은 요리 문화 자체가 달랐다. 음식의 기본 간이 다르고, 장 담그는 법도 조금씩 달랐다. 겉으로 보기엔 비슷하지만, 국과 찌개 간이 완전히 다른 경우도 있었다.

예를 들어, 친정집은 동네 어느 집에 가도 김칫국에 간이 모자라면 새우젓과 국 간장으로 간을 했다. 그런데 시댁은 고추장을 풀어 간을 더했다. 생각지도 못한 차이였다. 하지만 그 작은 차이가 아주 다른 맛의 음식을 만들어 남편의 입맛을 불편하게 했던 것이다.

그로부터 십여 년이 지난 지금은 많은 것을 서로 맞추며 살고 있다. 남편도 나도 직선적인 성격 탓에 과정은 좀 험난했지만, 한솥밥을 먹으며 살아온 세월 덕에 완전히 생뚱맞았던 서로의 스타일이 적당히 뒤섞이고 있다. 하지만 그 시간을 지나왔어도 남편은 남편대로 나는 나대로, 서로 이해(?)해야 할 것들이 있다. 아무리 긴 시간 함께 산 부부라고 해도 속까지 다 같을 수는 없으니 말이다.

이렇게 살아가고 있는 우리 집 여름 밥상엔 재미난 풍경이 벌어진다. 문제의 발단은 가지다. 다른 음식은 다 적당히 협상이 되는데 가지 반찬만은 절대 양보를 못한다. 밭에 가득가득 열리는 가지를 따는 것까지야 다를 게 없다. 그런데 내 것은 푹 쪄서 무치고, 남편 것은 달달 볶고, 아이들 것은 계란 옷을 입혀 전을 붙인다.

여름에는 가지가 늘 넉넉하니, 시간이 허락하면 세 가지 반찬을 모두 만든다. 하지만 그렇치 못하는 날에는 그날 마음 가는 대로 반찬을 만든다. 어떤 날은 남편이 안 먹고, 어떤 날은 내가 안 먹는다. 못 먹을 음식도 아니고, 맛없는 음식도 아닌, 그렇다고 대단한 음식도 아닌 가지 반찬 때문에, 밥상 위에서 십 년 넘게 신경전이 벌어지는 셈이다.

우리의 밥상은 아직도 서로 싸우고 배우고 이해해야 할 것이 많은 우리 부부의 현재를 보여 주고 있다. 이 밥상이 좀 이상해 보여도 할 수 없다. 취향이란 게 순순히 바뀌는 것은 아니니까. 사소한 문제로 서로 부딪칠 때 이해해 보고자 노력하고 배려하며, 오늘도 우리 가족은 가지 반찬으로 가지가지 잘 살고 있다.

맛없으면 반칙 닭칼국수

닭고기는 물만 붓고 끓여도 그냥 요리가 되는 식재료이다. 혼자서도 충분히
맛있지만, 다른 요리에 들어가도 다른 재료의 맛을 높여 주는 역할을 충실히
해낸다. 닭을 푹 고아 만든 칼국수가 맛이 없기란 어려운 일이다.

⚖️ 재료(2-3인분)

닭 1마리, 물 2L, 마늘 5알, 파 2개, 액젓 2큰술, 국간장 1큰술, 다진 마늘 1큰술, 후추 약간, 로즈마리 잎 4-5조각(파뿌리 1-2개로 대체 가능), 생강 약간, 칼국수면 2인분

🍽️ 순서

1 지방을 떼고 한소끔 끓인 닭을 꺼내 찬물에 씻는다.

2 새 솥에 물 2L을 붓고 통마늘, 생강, 파, 로즈마리를 넣어 끓인다. 끓기 시작하면 불을 살짝 줄여 4-50분간 끓이면서 기름을 걷어 낸다.

3 닭을 건져 식히고 살을 발라서 다진 파, 마늘, 후추, 국간장에 버무린다.

4 팔팔 끓는 육수에, 액젓과 칼국수 면을 넣고 면이 엉겨 붙지 않도록 젓는다. 면이 반투명해지면 양념한 닭과 파를 넣고 한소끔 더 끓인다.

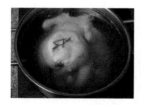 

TIP

칼국수 면에 붙은 밀가루는 면을 끓이기 직전 찬물에 헹군다. 국물이 걸 쭉해지는 것을 막을 수 있다.

쫄깃하고 아삭한 차돌박이 숙주쌀국수

집밥은 무엇을 먹든 따뜻하고 배부르다. 그런 집밥도 질릴 때가 있다. 차돌박이 숙주쌀국수는 이럴 때 후다닥 만들어 먹기에 안성맞춤 메뉴다. 만드는 방법도 간단하고, 빠르고, 쉽다.

⚖️ 재료(2-3인분)

차돌박이 200g, 넓적한 쌀국수 두 덩이, 숙주 200g, 대파 1개, 양파 1/2개, 통마늘 6개, 홍고추 2개, 굴소스 4큰술, 식용유 2큰술, 맛술 1큰술, 후추 약간

🍲 순서

1 쌀국수는 미지근한 물에 5분 정도 담가 놓고, 양파 1/2는 채 썰고, 대파, 마늘, 고추는 송송 썬다.

2 팬에 식용유 2큰술을 두르고 파, 양파, 마늘, 고추 순으로 볶다가 굴소스 4큰술을 넣는다.

3 쌀국수를 살짝 볶은 뒤에, 차돌박이 200g, 맛술 1큰술, 후추를 조금 넣는다.

4 차돌박이에 핏기가 가시면 숙주를 넣고 한번 뒤집어 접시에 담는다.

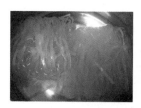 

TIP ────
숙주는 음식 속 잔열에 살짝 데친다는 느낌으로 익힌다. 너무 익히면 맛과 식감을 다 잃는다.

제주가 내 젓가락에 고기국수

제주도에서는 잔치 때 돼지를 잡아 손님을 대접했다. 그중 뼈는 푹 고아 국수를 말아 먹었는데, 이게 고기 국수다. 돼지 뼈를 푹 고아야 해서 손도 많이 가고 시간도 많이 필요할 것 같지만, 의외로 간단히 만들 수 있다.

⏲ 재료(1-2인분)

시판 사골육수 500ml, 뿌리까지 있는 파 2개, 돼지 앞다리살 300g, 중면 100g, 당근 1/8개, 마늘 3알, 맛술 2큰술, 새우젓 2큰술, 통후추 약간
양념: 고춧가루 2큰술, 다진 마늘 1큰술, 액젓 3큰술

🍽 순서

1   돼지고기, 물 1L, 사골육수, 파 1개, 세척한 파뿌리 2개, 마늘, 맛술, 새우젓, 후추를 넣고 끓인다. 끓기 시작하면 중불로 줄여 40분간 더 삶는다.

2   파 1개를 송송 썰고 당근은 채 썰어, 체에 담아 돼지고기 삶는 물에 살짝 데친다.

3   고춧가루 2큰술, 다진 마늘 1큰술, 액젓 3큰술로 양념을 만든다.

4   중면을 삶아 찬물에 헹구고 그릇에 국수를 담는다.

5   기름을 걷어낸 뒤 체에 거른 육수를 붓고, 고기, 파, 당근 양념을 얹는다.

 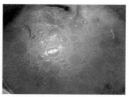

TIP ────────────
고기가 다 익었는지 확인할 때는 젓가락으로 찔러 본다. 찔린 자리에 핏물이 올라오지 않으면 다 익은 것이다.

눈 돌아가는 매콤함 골뱅이소면

갖은 채소와 과일을 넣고 빨갛게 버무려, 국수와 비벼 먹는 골뱅이 소면. 새콤 달콤 매콤한 맛 덕분에 집나간 입맛도 돌아오게 한다. 빨간 양념에 비벼 먹는 소면은 언제나 든든한 한 끼이며, 어느 술에나 잘 어울리는 고급 안주다.

🍲 재료(1-2인분)

골뱅이 1캔, 당근 1/4개, 오이 1/4개, 양파 1/2개, 적양배추 한 주먹, 진미채 한 주먹, 사과 1/4개, 청양고추 1개, 홍고추 1개, 소면 100g, 다진 마늘 1큰술, 설탕 2큰술, 고추장 2큰술, 양조간장 2큰술, 식초 2큰술, 고춧가루 2큰술, 맛술 1큰술, 통깨 1큰술, 참기름 1큰술, 생강즙 1/2작은술

🍽 순서

1 골뱅이 캔 국물 3큰술, 다진 마늘 1큰술, 고추장 2큰술, 양조간장 2큰술, 설탕 2큰술, 고춧가루 2큰술, 식초 2큰술, 맛술 1큰술, 참기름 1큰술, 통깨를 넣어 양념을 만든다.

2 골뱅이는 먹기 좋은 크기로 자르고, 고추는 송송 썰고 나머지 사과와 채소는 약간 길게 나박썰기한다.

3 ①번 양념과 사과, 채소, 진미채, 골뱅이를 함께 버무린다.

4 소면을 삶아 찬물에 헹구고 버무린 골뱅이와 접시에 담는다.

TIP
양념을 만들 때, 골뱅이 국물을 조금 넣으면 맛이 훨씬 풍부해진다.

어죽 품은 국수 어탕국수

어탕국수는 국수 중에 호불호가 가장 많이 갈리는 국수가 아닌가 싶다. 미꾸라지 손질도 문제고 미꾸라지를 먹지 않는 사람도 있다. 여기서는 만들기 쉽게 등푸른 생선 통조림으로 어탕국수를 만들어 본다.

🍳 재료(2-3인분)

꽁치 통조림 1큰술, 깻잎 100g, 호박 1/4개, 호박잎 5장(또는 부추), 물 1L, 파 1개, 청양고추 2개, 홍고추 2개, 고추장 1 1/2큰술, 된장 1큰술, 맛술 2큰술, 다진 마늘 2큰술, 생강즙 1/2작은술, 후추 약간, 참치액(액 젓) 약간, 소면 100g

🍲 순서

1 호박은 채 썰기, 깻잎과 호박잎은 나박썰기, 파와 고추는 송송 썬다.

2 꽁치 통조림을 국물을 포함해 으깨고, 고추장 1 1/2큰술, 된장 1 큰술, 맛술 2큰술, 다진 마늘 2큰술, 생강즙 1/2작은술, 후추를 넣 고 섞는다.

3 물 1L를 팔팔 끓인 후 양념된 꽁치와 호박을 넣고 끓인다.

4 끓기 시작하면 채소를 넣는다. 다시 끓으면 소면을 넣어 끓인다. 부족한 간은 참치액이나 액젓으로 잡는다.

TIP
지역 특색에 따라 호박과 깻잎 대신 숙주, 감자, 시래기, 얼갈이 등을 넣 어도 된다.

추어탕을 통해 알게 된 것

여름이면 형제나 친구들과 족대를 들고 수로에 나가 미꾸라지를 잡곤 했다. 양이 적은 날은 물고기를 모두 물에 놓아 주고 오지만, 양이 많은 날엔 피라미나 송사리는 놔주고, 미꾸라지만 병에 담아 집에 가져왔다.

그럼 엄마는 대야에 호박잎을 여러 장 따서 미꾸라지 사이에 넣고 굵은 소금을 뿌리고 쟁반으로 덮었다. 소금이 들어가는 순간 미꾸라지들은 펄펄 날뛰기 시작한다. 뚜껑이 조금만 어긋나도 미꾸라지가 그릇 밖으로 빠져나오고, 그러면 온 집안이 난리가 났다. 때문에 쟁반이 열리지 않도록 꽉 잡고 있는 게, 미꾸라지 손질의 주요 포인트이다.

시간이 조금 지나면 날뛰던 미꾸라지들이 잠잠해진다. 그럼 뚜껑을 열고 구멍이 제법 큰 체에 미꾸라지를 붓고, 손으로 빡빡 비빈다. 그러면 채 아래로 미꾸라지의 점액, 토해낸 흙가루 등 뭔가 너저분한 것들이 섞여 흘러나온다. 이것을 깨끗한 물로 여러 번 헹구면 미꾸라지가 더 이상 미끄럽지 않다.

이 상태에서 대파 줄기 속에 미꾸라지를 넣고 숯불에 구워 먹으면 파 향이 가득 밴 미꾸라지 구이가 된다. 튀김옷을 입혀 튀기면 미꾸라지 튀김이 되고, 두부를 만들기 위해 끓여 놓은 콩물에 부으면 미꾸라지 두부가 된다. 미꾸라지는 간단한 조리로도 별미 요리가 되는 재료다. 하지만 재료의 특성(?)상 아무나 만질 수 있을 만큼 만만치 않아서 쉬운 요리라는 말은 못한다.

그런저런 요리의 유혹을 뒤로 하고, 미꾸라지 하면 가장 많이 만드는 요리는 단연 추어탕이다.

내가 사는 경기도에서는 추어탕에 호박, 호박잎, 파, 부추, 마늘, 깻잎 등 그때그때 많이 나는 푸른 채소를 이용한다. 빨간 국물에 미꾸라지를 넣고 푹 끓여, 국물 맛이 진해질 때면 조물조물 반죽한 수제비나 소면 가락도 추가한다. 양도 늘리고, 탕을 먹으며 끼니도 해결할 수 있는 방식으로 끓이는 것이다. 마지막에는 푸른 채소와 산초(향신료)를 넣어, 특유의 비린 맛을 잡는다.

아무래도 핵심은 미꾸라지를 통으로 넣는다는 점이다. 그러니 미꾸라지가 물에서 헤엄치던 모습을 거의 그대로 유지하고 있다. 이게 내가 추어탕을 먹지 못하는 이유이다.

하지만 기억을 더듬어 보면, 어릴 때 나는 통미꾸라지를 즐겨 먹는 어린이였다. 엄마가 추어탕에서 미꾸라지를 꺼내 밥그릇 위에 얹어 주면 멸치 집어 먹듯 맛나게 먹었다. 그런데 그렇게 추어탕을 잘 먹던 어린이가 추어탕을 즐기지 못하는 어른이 되었다. 어른이 되고부터 통미꾸라지에 거부감이 생긴 것이다.

한번은 직장에서 부서 사람들과 추어탕을 먹으러 간 일이 있었다. 그때, 처음으로 갈아 끓인 추어탕을 먹었다. 갈아 끓인 추어탕은 미꾸라지는 온데간데없고, 보드라운 배추 시래기가 잔뜩 들어가 맛이 구수했다. 미꾸라지 모습을 보지 않고 먹을 수 있는데다, 특유의 맛도 느껴지지 않으니 제법 먹을 만했다. 평생 먹어 온 추어탕 중에 가장 맛있는 추어탕이었다.

그 후에 몇 번인가 갈아 만든 추어탕을 만들어 봤다. 하지만 맛을 따라하는 것은 둘째 치고 미꾸라지 손질이 너무 번거로워 자주 만들지는 못했다. 그러다 우연한 기회에 등푸른 생선 통조림으로 끓이는 추어탕을 알게 되었다. 통조림 전체를 갈아서 넣으니 살아 있는 것들과 씨름하지 않아도 되어 부담이 싹 사라졌다.

꼭 어려서부터 먹던 맛이나 전부터 만들어 먹던 방식만 고집한다면, 나는 지금쯤 추어탕을 전혀 먹지 못할지도 모른다. 익숙했던 요리가, 좋아했던 요리가, 어느 순간 나와 맞지 않는다면 다른 방식으로 접근하는 모험도 해볼 만하다. 그렇게 해서 나와 잘 맞는 요리와 재료를 찾게 되는 것 또한 요리를 통해 얻는 또 다른 즐거움이 아닐까?

Part4
밥인 듯 아닌 듯
별미 한 그릇

묵직한 고소함 들깨수제비

수제비는 간단하게 만들어 부담 없이 먹을 수 있는 대표적 서민 음식이다. 그 평범한 음식에 들깨가루를 넣으면 순식간에 요리 느낌이 난다. 어렵지 않으면서 고소하고 진한 요리에 도전해 보자.

재료(1-2인분)

물 5컵, 들깨가루 1/2컵, 감자 1개, 다진 마늘 1큰술, 호박 1/4개, 파 1개,
국멸치 10마리, 다시마(10×10) 2장, 찹쌀가루 2큰술, 참치액(혹은 액
젓) 2큰술, 소금 약간

밀가루 반죽: 1컵, 물 1/3컵, 식용유 1작은술, 소금 1/2작은술

순서

1   반죽은 손에 묻어나지 않을 만큼 차지게 치대어 냉장고에서 30
    분 이상 휴지시킨다.

2   멸치와 다시마로 끓인 육수에 참치액 2큰술을 넣어 간하고, 넓
    게 채 썬 감자와 호박을 넣는다.

3   육수가 끓으면 ①번 반죽을 얇게 떼어 넣으며 반죽이 붙지 않게
    저어 준다.

4   끓기 시작하면 채소를 넣고, 반죽이 떠오르면 들깨가루와 찹쌀
    가루를 넣고 젓는다(걸쭉한 느낌이 싫으면 찹쌀가루는 넣지 않
    아도 된다).

5   소금으로 간을 잡고, 마지막에 파를 넣는다.

TIP

들깨가루는 맛과 영양 어느 면에서도 흠잡을 데 없는 재료지만 맛과 색이
잘 변한다. 반드시 냉동 보관한다.

부들부들한 목 넘김 묵밥

묵은 어떤 묵이냐에 따라 맛이 약간씩 다르지만, 대부분이 소화가 잘되고 부들부들한 목 넘김까지 좋아 부담이 없다. 비교적 간단한 재료로 쉽게 만들어 먹을 수 있는 묵밥, 전문점 안 부럽게 맛있게 만들어 보자.

재료(1-2인분)

묵 1모, 익은 김치 1/4쪽, 밥 한 공기, 오이 1/2개, 들깨가루 2큰술(들기름 대체 가능), 실파 1개, 통깨 1작은술, 멸치 10마리, 물 700ml, 황태포 10조각, 다시마(10×10) 2장, 파뿌리 2개, 참치액 2큰술, 설탕 1/2큰술

🍽 순서

1 물 700ml에 파뿌리 2개, 황태포 10쪽, 멸치 10마리, 다시마 2장을 끓인다. 끓기 시작하면 불을 줄여 10분간 더 끓인 뒤 육수 재료를 건진다. 이 육수에 참치액 2큰술을 넣고 식힌다.

2 김치 1/4쪽을 송송 썰어, 들깨가루 2큰술과 설탕 1/2큰술을 넣고 버무린다.

3 묵은 조금 도톰하게, 오이는 잘게 채를 썰고, 실파는 송송 썬다.

4 밥을 한 주걱 담아, 오이, 묵, 김치, 파, 통깨를 얹고 육수를 붓는다.

 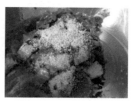

TIP ───────────

육수를 끓이는 대신, 시판 냉면 육수를 사용하면 간단하게 즐길 수 있다.

멀티 메뉴 감자바게트

단단한 바게트와 포슬포슬한 감자는 의외로 잘 어울린다. 둘 다 담백한 맛이라 심심하지 않을까 싶지만, 막상 먹어 보면 밥도 되고 간단한 안주도 되며, 출출할 때 간식도 되는 꽤 쓸 만한 메뉴이다.

재료(3인분)

감자 6개, 마요네즈 6큰술, 소금 1/2큰술, 피자치즈 한 주먹(또는 슬라이스 치즈 1장), 바게트 빵 6쪽

 순서

1 감자를 삶아 껍질을 벗긴다.

2 껍질 벗긴 감자에 마요네즈 4큰술, 소금 1/2큰술을 넣고 으깨 바게트 위에 얹는다.

3 바게트 위에 마요네즈 2큰술을 뿌리고, 그 위에 반으로 나눈 슬라이스 치즈나, 피자치즈를 얹는다.

4 예열된 170도 오븐에 15분간 굽는다.

TIP ─────────────

감자 위에 마요네즈를 올릴 때는 짤주머니(위생봉지에 마요네즈를 넣고 봉투의 한쪽 귀퉁이를 약간 자른다.)를 사용하면 편리하다.

최소 에세이

조작된 음식들

우리나라에서 곧 유전자 조작 감자가 시판 가능해진다는 소식이 전해졌다. 이 문제로 논란이 있었고, 식약처 발표에 반발하는 이들의 목소리가 높아지고 있다. 친환경 농부이자 아이들의 엄마인 내 입장에서 보자면, 먹을 것이 부족한 상황도 아닌데, 왜 유전자 조작 식품까지 유통시키느라 난리일까? 더구나 감자는 식탁에 자주 오르는 채소 중에 하나고, 특히 아이들이 잘 먹는 식재료 중에 하나라 심난한 마음이 드는 것도 사실이다.

하지만 GMO 농산물이 위험하지 않다고 생각하는 사람은 생각이 다를 것이다. 이것에 반대하고 불안해하는 소비자나 농민들을, 과학의 발달로 더 좋은 품질의 농산물을 더 편하게 재배하게 만드는 것을 막는 반대꾼으로만 보겠구나 하는 생각도 든다.

나는 내 입장에서 GMO 농산물을 반대하지만, 나의 이 반발심이 옳고 정확하고 객관적인가에 대해서는 답을 내리지 못하고 있다.

우리가 상상하기 힘든 옛날 오래 전부터 우리 조상들은 끝없이 아주 천천히, 진화하고 적응하며, 그 속에서 만들어진 정보들을 '유전자'라는 이름으로 우리에게 넘겨주었다. 지금의 나는 내 몸속의 유전자들이 어떠한 우연과 필연의 선택을 거듭한 끝에 표현해 낸 하나의 결과물이다. 따라서 우리가 아는 일반적인 생명체는 이 유전의 테두리를 벗어나지 못한다.

하지만 GMO 농산물은 인간의 작물을 재배하고 유통하는 데 있어서 불편한 본능을 단기간에 인위적으로 제어했다. 완전히 다른 종이 가진 정보를 이식하거나 조작해 식물이 살 수 없는 상황에서도 살아남고 잘 상하지 않으며, 관리하기 편하게 '만들어진' 생명체이다.

어떤 이들은 유전자 조작 농산물에 독성이 있고, 인간이나 동물이 먹을 경우 암 등의 질병에 걸릴 확률이 높다고 한다. 간혹 소름 끼치는 괴담 수준의 이야기도 들린다. 하지만 나는 과

학 분야에는 문외한이라, 이 상황에서 누구의 말이 맞는지 단언할 만한 능력은 없다.

다만 자연계의 한 생명에 불과한 우리가 다른 생명보다 머리가 조금 좋다는 이유 하나로, 다른 생명이 정해 놓은 질서를 마음대로 휘둘러도 되는지는 의문이다. 게다가 그렇게 만들어진 농산물이 안전한지, 그걸 먹은 사람이나 동물이 한 생을 다 살도록 아무 이상 없이 살아갈 수 있는지는 유전자 조작 농산물의 재배 기간이 짧은 탓에 현재 분명하지 않은 상황이다.

문제는 안전에 대한 확신이 없는 상태에서 농작물의 유전자 조작과 재배 판매가 만연한다는 점이다. 우리나라의 경우 수입 GMO 농산물에 대한 통과 기준이 비교적 관대하며, 가공된 상태의 식품은 이미 많은 양이 유통되고 있다. 그런데 이 조작된 음식에 'GMO'라는 표시조차 없다.

유전자 조작 식품의 안전성이 불확실한 상황에서는 유통을 아예 시키지 않는 것이 가장 안전하다. 하지만 그것이 어렵다면 우선은 소비자에게 '어떤 농산물이 어떤 방식으로 조작되었으며, 어느 정도 실험을 통해 안정성이 확인되었는지에 대한 정확한 정보'가 제공되어야 한다. 불안전한 상황일수록 그것만은 꼭 지켜야 한다.

지금 주변에서는 주부들이 가족에게 안전한 음식을 먹이기 위해 노력하는 것이 무색할 만큼, 조작된 식품들을 구별하기도 어려울 뿐만 아니라 무차별적으로 공급되고 있다. 더 큰 걱정은, 앞으로 조작된 농산물이 더 많이 만들어지고 도입될 가능성이 높다는 점이다.

식재료를 기르는 농부이자, 음식을 만들어 가족의 건강을 책임지는 입장에서 보면 음식 하나하나가 걱정스러운 시절이다.

밥의 변신은 무죄 밥크로켓

크로켓의 장점은 냉장고에 있는 채소를 모두 다져 넣을 수 있다는 점이다. 채소를 부담 없이 먹을 수 있어 건강에도 좋다. 밥과 채소를 조금 색다르게 요리하면 별미가 된다.

재료(2-3인분)

고구마 150g, 찬밥 1주걱, 표고버섯 4개, 당근 1/4개, 양파 1/4, 깡통햄 1/4개, 적양배추 한 주먹, 파 1개, 후추 약간, 계란 2개, 소금 1작은술, 빵가루, 식용유 300ml

 순서

1 고구마를 찐다.

2 모든 채소와 햄을 다진다.

3 찐 고구마를 으깨고, 찬밥과 채소와 후추, 계란, 소금을 넣고 버무린다.

4 동그랗게 만들어 빵가루에 굴려 160도 기름에 노릇하게 튀긴다.

 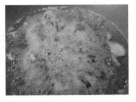

TIP ─────

튀김가루를 기름에 떨어뜨려 바닥을 치고 오르면 160도, 중간쯤에서 오르면 170도, 위에서 포르르 오르면 180도 정도라고 생각하면 된다.

밥솥에서 떡이 된 약밥

전기 압력밥솥으로 견과류, 밤, 대추, 찹쌀을 넣어 약밥을 만들어 보자. 떡집에서만 사 먹는 별미인 줄 알았던 약밥을 간편하고 쉽게 만들 수 있다. 밥만 맛있게 잘 되어도 고마운 밥솥, 여러 모로 고맙게 쓰인다.

⚖️ 재료(3-4인분)

찹쌀 4컵, 밤 8개, 대추 10개, 건포도 한 줌, 견과류 한 주먹, 잣 한 주먹, 물 2컵, 설탕 1컵, 코코아 1/2컵, 양조간장 2큰술, 참기름 4큰술, 계피가루 1큰술

🍽️ 순서

1 찹쌀을 깨끗이 씻어 2시간 이상 불린다.

2 찹쌀과 견과류를 넣고 양조간장 2큰술, 코코아 1/2큰술, 설탕 1컵, 계피가루 1큰술을 녹인 물에 섞는다.

3 ②번 재료를 밥솥에 넣고 일반 취사 모드를 누른다.

4 완성된 밥에 참기름 4큰술을 섞어, 원하는 모양의 그릇에 담는다. 그릇이나 틀에 미리 참기름을 발라 놓아도 좋다.

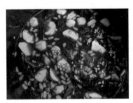 

TIP ──────────────

손질하고 남은 대추 씨앗에 물을 붓고 자작하게 끓여, 약밥을 만들 때 사용하면 약밥의 풍미가 좋아진다.

나이 먹을 때만 먹지 마, 떡국

떡국은 새해를 맞이할 때, 한 살 더 먹는다는 의미로 차리는 전통음식이다. 하지만 요즘은 재료를 쉽게 구할 수 있어 사시사철 먹을 수 있고, 원료가 쌀이다 보니 밀가루로 만든 인스턴트보다 몸에 좋다. 여러 모로 뿌듯한 음식이다.

🏋️ 재료(1-2인분)

물 1L, 황태포 한 주먹, 멸치 10마리, 다시마(10X10) 2장, 떡국 떡 200g, 다진 마늘 1큰술, 국간장 1큰술, 참치액 1큰술, 계란 2개, 대파 1개, 소금 약간, 후추 약간

🍛 순서

1 떡을 물에 불리고 파를 송송 썰어 계란과 섞어 놓는다.

2 물 1L에 다시마, 멸치 황태포를 넣고 끓인다.

3 팔팔 끓는 육수에 떡을 넣고 국간장, 참치액, 다진 마늘을 넣고 끓인다. 끓으면 불을 줄여 10분 동안 더 끓이고 육수 재료를 건진다.

4 다시 끓기 시작하면 계란과 파를 넣고 소금으로 간을 한다.

 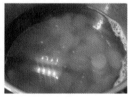

TIP ───────────────────────────────
부드럽게 먹고 싶으면, 떡을 서너 시간 이상 미지근한 물에 담가 놓았다가 사용한다.

입안에 비단길 누룽지탕

누룽지를 기름에 튀겨 중국식 국물에 말아먹는 누룽지탕. 누룽지로 만든 음식 중 가장 화려한 축에 속하는 별미다. 튀긴 누룽지는 바삭함을, 국물은 비단길처럼 부드러운 감칠맛을 선사한다.

🍲 재료(2-3인분)

당근 1/4개, 물 3컵, 맛살 1개, 양파 1/4, 팽이버섯 1봉, 표고 2개, 대파 1/2개, 굴소스 2큰술, 전분 2큰술, 물 4큰술, 식용유 2큰술, 마른누룽지 (6X6) 4-5장, 튀김용 식용유 100ml

🍽 순서

1. 파, 당근, 양파, 버섯 등은 가늘게 썰고 맛살은 가늘게 찢는다. 누룽지는 180도 기름에 노릇하게 튀긴다.

2. 식용유 2큰술을 넣고 ①번 채소를 볶다가 굴소스 3큰술과 물을 붓고 끓인다.

3. 국물이 끓으면 게맛살을 길게 찢어 넣고, 전분 2큰술과 물 4큰술을 혼합해 국물에 부어 잘 저어 한소끔 끓인다.

4. 그릇에 튀긴 누룽지를 담고 소스를 붓는다.

TIP

누룽지가 없을 때는 프라이팬에 찹쌀밥을 눌려 건조해 사용해도 된다.

여행이 그리워질 때 김밥

어린 시절, 소풍가는 날 엄마가 새벽부터 일어나 싸 준 김밥은 언제나 꿀맛 같았다. 콧바람 쐬러 가고 싶은 날이면 소박하지만 따뜻한 재료를 꾹꾹 말아 넣은 김밥이 최고다. 먹어도 먹어도 배부르지 않은 신기한 맛이다.

🍳 재료(4-5인분)

불린 쌀 3컵, 계란 5개, 단무지 6줄, 게맛살 6줄, 햄 6줄, 오이 1개, 소금 약간, 당근 1개

밥 짓는 양념: 맛술 2큰술, 다시마(10X10) 1장, 식용유 1큰술

밥 양념: 소금 1작은술, 매실액 2큰술, 식초 1큰술, 참기름 2큰술, 통깨 1작은술

🍽 순서

1 전기 압력밥솥에 불린 쌀 3컵, 쌀 양의 70% 물, 맛술 2큰술, 다시마(10X10) 1장, 식용유 1큰술을 넣고 밥을 한다. 물의 양은 기호에 따라 조정한다.

2 밥에 매실액 2큰술, 소금 1작은술, 식초 1큰술, 참기름 2큰술, 통깨 1작은술을 넣고 비빈다.

3 계란 5개를 풀어 소금을 약간 넣고, 식용유 1큰술을 바른 팬에 지단을 붙여 길게 자른다.

4 당근은 채를 썰어 소금을 한 꼬집 넣어 볶고, 길게 자른 오이도 소금을 한 꼬집 넣고 살짝 볶는다. 다른 재료도 길게 자른다.

5 김에 밥을 깔고 단무지, 계란, 오이, 게맛살, 햄을 넣고 돌돌 말아 준다.

TIP

밥을 비빌 때 매실액과 식초를 넣으면 밥이 쉽게 상하는 것을 막아 준다.

알록달록 눈으로 먹는 파프리카잡채

선명하고 다양한 색을 자랑하는 파프리카에 각종 채소와 굴소스, 고추기름을 넣어 살짝 볶아 돼지고기와 섞으면 맛과 멋에 영양까지 보장하는 멋신 요리가 태어난다.

🍅 재료(1-2인분)

빨간 파프리카 1/4개, 노란 파프리카 1/4개, 초록 파프리카(고추 2개로 교체 가능) 1/4개, 표고버섯 2개, 양파 1/4개, 돼지고기 70g, 식용유 1큰술, 고추기름 4큰술, 굴소스 2큰술, 양조간장 1/2큰술, 전분 1/2작은술, 다진 마늘 1작은술, 설탕 1큰술, 청주 1큰술, 후추 약간, 꽃빵

🍲 순서

1 고기는 양조간장 1/2큰술, 전분 1/2작은술, 다진 마늘 1작은술, 청주 1큰술, 설탕 1큰술, 후추로 밑간한다. 채소는 채를 썬다.

2 채소는 고추기름에 색이 연한 순서대로 볶다가 굴소스를 넣어 간을 한다.

3 밑간한 돼지고기에 식용유 1큰술을 넣고 달달 볶은 다음, 볶은 채소를 넣어 살짝 더 볶는다.

4 꽃빵을 찜기에 쪄 잡채와 담아낸다.

TIP ──────────────────────────────────
고기에 전분을 넣으면 육즙은 잡아 주면서 고기는 쫄깃해진다. 여기에 좀 더 부드러운 식감을 원한다면 계란 흰자 1T-2T를 넣어 보자.

계란이 왔어요, 계란빵

계란은 착한 가격에 영양과 맛이 가득해, 먹기에도 부담 없고 요리하기도 편한 재료다. 식빵에 원하는 재료를 넣고 계란을 얹어 굽기만 하면 그만인 계란빵. 만들기도 쉽고 먹기는 더 쉽다!

🍳 재료(1인분)

식빵 2장, 계란 1개, 베이컨 1장, 치즈 1장, 마요네즈 약간

🍽 순서

1 식빵 위에 베이컨과 치즈를 얹는다.

2 식빵 한 장에 계란이 들어갈 만한 크기의 구멍을 내고 ① 위에 얹
   고 구멍 테두리를 마요네즈로 덮는다.

3 식빵 구멍에 계란을 깨 넣는다. 굽는 동안 터지지 않도록 이쑤시
   개로 노른자 중앙을 살짝 터트린다.

4 180도 예열된 오븐에 10분 굽고 빵의 방향을 돌려 다시 10분 굽
   는다. 전자레인지에서는 3분간 굽는다. 전자레인지에 구운 계란
   빵은 바로 먹지 않으면 딱딱해지므로 주의한다.

TIP ──
식빵의 식감이 바삭한 게 좋으면 그냥 굽고, 폭신한 게 좋으면 호일을 씌
워 굽는다.

미신이 덕지덕지 붙어 있는 장 담그기

정월, 날이 차갑다. 정월 첫 번째 개의 날(12간지 중 11번째
술-戌날)이 되면 바짝 마른 메주를 찬물에 깨끗이 씻는다. 볏
짚 속 각종 균들을 받아들인 메주는 고릿한 향이 난다. 그렇다
고 못 맡을 정도로 고약하진 않다.

메주는 잘 씻어 바람 잘 통하는 곳에서 하루를 다시 말린다.
그해의 첫 돼지날(12간지 중 12번째 해-亥날), 염도를 맞춘 소
금물을 아침 일찍 타 놓는다. 깨끗이 세척한 장항아리에 전날
미리 씻어 말린 메주와 깨끗한 소금물을 넣는다. 이때 소금물
에 가라앉은 탁한 물을 버린다.

이때 소금의 양이 중요하다. 짜게 담그면 장이 쉬거나 벌레가

날 확률이 적은 대신 짜서 맛이 없고, 싱겁게 담그면 탈이 날 확률이 높다. 짜지도 싱겁지도 않아야 장이 맛있다.

북부 지방의 장은 비교적 싱거운 편이고, 남부 지방의 장은 짜다. 이는 지역마다 다른 온도차 때문이다. 북부 지방은 염도가 낮아도 장이 덜 상해서 심심한 장을, 남부 지방은 더운 날씨 탓에 조금 더 짭짤하게 장을 담근다.

소금물과 메주가 들어간 항아리에 미리 불을 붙여 잉걸이 된 참숯과 대추, 다시마, 마른 고추를 띄워 준다. 해가 잘 들도록 매일 장독을 열고 닫기도 하고, 투명한 유리 뚜껑을 사용해 볕을 쏘이며 익힌다. 볕을 쏘이는 이유는 장이 익을 동안 해가 독을 따뜻하게 품어 주기 위함이다. 또한 볕으로 살균을 해서 표면에 곰팡이가 생기는 것을 막아 준다.

정월 첫 개날 메주를 씻는 이유는, 그날 씻어야 첫 돼지날 장을 담글 수 있기 때문이다. 돼지날 담그기 어렵다면, 양날 준비해 말날 담그기도 한다. 정 안 되면 아무 날이나 담가도 되지만, 용의 날이나 뱀의 날은 절대 담그면 안 된다는 속설이 있다. 용이나 뱀이 몸집이 긴 짐승이라서 그들을 닮은 벌레가 장에 생길까 봐 그렇다고 한다. 장독을 조금만 잘못 관리해도 생기는 구더기가 두려웠던 옛 어머니들의 불안이 만들어낸 이야기다. 요즘은 질 좋은 항아리와 밀봉이 잘되는 뚜껑을 쉽게 구할 수 있어, 관리만 잘하면 구더기 무서워 장을 못 담글 일은 없다.

하지만 처음 장 만드는 것을 배울 때부터 지켜 왔던 풍습이라, 어지간하면 지키며 담근다. 족히 일 년 밥상을 책임지는 음식을 담그며 어른들이 하지 말라 가르친 일은 하지 않는 것이 마음도 편하다.

이렇게 담근 장은 약 두 달 뒤에 다시 돼지날에 가르기를 한다. 장을 담그는 시기는 비슷해도 장을 가르는 시기는 지방별로 다르다. 남쪽은 빨리 가르고, 북쪽은 늦게 가른다. 장을 가르는 시기는 그 동네에 파리가 나오기 직전이다.

장 담그는 사람이 무서워하는 것은 장이 상하는 것과 구더기이다. 파리가 활개 칠 만큼 따뜻할 때 장을 갈라도 좀 짜게 담그면 장이 상하는 것은 막을 수 있다. 장이 짜면 어떻게든 먹거나 고칠 수 있다.

문제는 구더기다. 파리가 활동하기 시작한 후 장을 가르면, 장가르는 곳으로 백발백중 파리 떼가 몰려온다. 아무리 잘 막아도 장을 가르는 동안 몰려온 파리가 장에 알을 낳는 것을 막기란 어렵다. 영양가가 풍부한 장독은 파리의 산란장이 되기에 안성맞춤이기 때문이다.

그런데 구더기가 생긴 장은 소생이 불가능하다. 먹을 것이 귀하던 시절엔 구더기가 생겨도 쌀 조리에 걸러 다시 사용했지만, 아무리 먹을 게 귀하던 시절이라도 구더기 난 장은 반가운 음식이 아니었다. 구더기라는 이름 대신 '가시'라고 부르기도 했는데, 입안에 가시처럼 삼키기 어려운 음식이란 뜻에서 유래되었다. 삼시세끼 집밥만 먹던 시절, 장에 벌레가 둥둥 떠다닌다면 밥 먹기가 가시를 삼키는 것처럼 힘든 일이었을 것이다.

각종 미신이 덕지덕지 붙어 있는 장 담그기 풍습을 오늘날까지 따르는 이유는 뭘까?
예부터 내려오는 장 담그기 풍습의 면면을 무지몽매한 아낙들의 미신 숭배로만 볼 수는 없다. 된장, 고추장, 간장 등 양념 만들기는 가족 밥상의 일 년을 책임지는 귀하고 중요한 행사였다. 그런 중요한 일에, 단 한 가지도 허투루 하고 싶지 않은 것이 주부로서의 책임감이자 자존심 아니었을까? 단 하나의 행동에도 정성을 다해, 내 가족 내 새끼가 먹는 음식이 귀하고 소중하게 만들어지길, 그래서 일 년이 맛있고 행복하길 바라는 마음, 바로 그 마음이 장 담그기를 아리송하고 더 복잡하게 만들었을 것이다.

지금에 와서 별 명분은 없지만, 나는 지금도 어른들의 장 담그기를 거의 그대로 흉내 낸다. 덕분에 한 해 한 해 장맛은 이어지고, 밥상의 깊은 뼈대도 지켜 나가고 있다.

Part5
밥만 잘하면 되는
한 그릇

먹고 나면 소화되는 무밥

익숙하고 향긋한 콩나물밥

따뜻한 겨울 손님 굴밥

가지인지 고기인지 돼지고기 가지밥

입맛 찾으러 왔드래요, 곤드레밥

밥인가 감자인가 떡인가 감자범벅

힘을 내시오, 마늘밥

살캉살캉 씹히는 맛이 일품 시래기밥

몸속 청소부들의 단합대회 모듬버섯밥

바다에서 왔습니다, 톳밥

먹고 나면 소화되는 무밥

무는 무 자체에 소화를 돕는 성분이 있어, 밥을 해 먹고 돌아서면 허전(?)할
정도로 소화가 잘되는 음식이다. 소화가 잘 안 되거나 입맛이 없을 때, 연하고
달달한 무가 가득 밴 무밥을 즐기며 가벼운 시간을 보내 보자.

⚖ 재료(1-2인분)

무 1/2개, 불린 쌀 1컵, 당근 1/4개

양념장: 양조간장 4큰술, 들기름 2큰술, 물 2큰술, 고춧가루 1/2큰술, 다진 파 1큰술, 다진 마늘 1작은술, 통깨 1작은술

🍽 순서

1 쌀을 씻어 불린다.

2 단단한 당근은 가늘게, 연한 무는 도톰하게 채를 썬다.

3 전기 압력밥솥에 불린 쌀 1컵과 쌀의 70% 정도 물을 넣은 다음, 썰어 놓은 당근과 무를 얹어 저압 모드로 밥을 한다.

4 양념장 재료를 섞어 무밥과 함께 낸다.

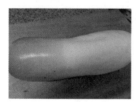 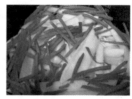

TIP

채소밥을 지을 때는 채소에서 나오는 수분 때문에 밥물을 70-80% 정도만 잡아야 한다.

익숙하고 향긋한 콩나물밥

우리가 가장 많이 먹는 채소밥 중에 하나가 콩나물밥이다. 가장 익숙하기에 가장 맛있는 밥이다. 여기에 향긋한 달래 무침까지 얹어 먹으면 익숙한 맛과 향긋함이 더해진 한 끼를 맘껏 즐길 수 있다.

⚖ 재료(1-2인분)

콩나물 200g, 쌀 1컵.

양념장: 달래 한 주먹, 양조간장 4큰술, 참기름 2큰술, 물 2큰술, 매실 1큰술, 청고추 1개, 홍고추 1개, 고춧가루 1큰술, 통깨 1작은술

🍲 순서

1   쌀을 씻어 불려 놓는다.

2   콩나물을 씻어 물기를 빼 놓는다.

3   전기 압력밥솥에 쌀 1컵, 쌀의 70% 정도 물을 넣은 다음, 콩나물을 얹어 저압 모드로 밥을 한다.

4   달래를 먹기 좋은 크기로 자르고, 고추는 잘게 다져 다른 양념장 재료와 섞어, 밥과 함께 낸다.

TIP

생쌀을 씻어 불리면 약 50% 정도의 부피가 늘어난다. 마른 쌀 1컵은 불린 쌀 1 1/2컵의 양과 같으니, 쌀 양을 정할 때 참고한다.

따뜻한 겨울 손님 굴밥

날씨가 서늘해지면 굴에 뽀얗게 살이 오르기 시작한다. 요즘은 냉동굴이 있어 사시사철 굴을 먹을 수 있지만, 살이 통통한 제철 굴의 맛은 냉동 기술이 좋아도 따라갈 수 없는 맛이다. 겨울, 찬바람이 불면 오동통 살 오른 굴로 굴밥을 지어 보자.

⚖️ 재료(1-2인분)

굴 200g, 쌀 1컵, 물 400ml, 당근 1/4개, 소금 약간, 황태포 한 주먹

양념장: 양조간장 4큰술, 참기름 2큰술, 물 2큰술, 고춧가루 1큰술, 매실 1큰술, 다진 당근 1큰술, 다진 양파 1큰술, 다진 파 1큰술, 다진 마늘 1작은술, 통깨 1작은술, 맛술 1/2작은술

🍲 순서

1 쌀을 씻어 1시간 이상 불린다.

2 당근은 다지고, 소금 푼 물에 굴을 씻는다.

3 물 400ml를 넣고 황태포로 육수를 내고, 끓는 육수에 굴을 데친다.

4 전기 압력밥솥에 굴 데친 육수와 불린 쌀(1:8), 당근을 넣는다.

5 다 된 밥에 굴을 올리고 양념장을 만들어 비벼 먹는다.

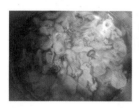 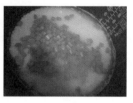

TIP ──────────────────────────

굴은 오래 익히면 작아지고 질겨진다. 전기 압력밥솥으로 밥을 지을 때는 굴을 중간에 첨가할 수 없으니 따로 익혀야 탱글탱글한 굴밥을 먹을 수 있다.

가지인지 고기인지 돼지고기 가지밥

가지는 스펀지처럼 폭신한 조직으로 되어 있고 맛이 강하지 않아, 주변 양념을 흡수하면서도 다른 재료와도 잘 어우러진다. 특히 고기 맛과 잘 어우러져 가지를 먹는 건지 고기를 먹는 건지 알 수 없는 마법을 부린다.

재료(2-3인분)

가지 3개, 돼지고기 200g, 씻어 불린 쌀 1컵, 양조간장 3큰술, 다진 마늘 1큰술, 다진파 1큰술, 식용유 2큰술

양념장: 양조간장 4큰술, 들기름 2큰술, 물 2큰술, 고춧가루 1큰술, 다진 파 1큰술, 올리고당 1큰술, 통깨 1작은술

순서

1 가지를 반달 썬다.

2 식용유 2큰술에 파와 마늘을 넣고 볶다가, 돼지고기와 간장을 넣고 양념이 섞일 정도로 볶는다. 여기에 가지를 넣고 다시 달달 볶는다.

3 전기 압력밥솥에 불린 쌀 1컵을 넣고, 컵의 70% 정도 되는 물을 붓는다. 거기에 볶은 고기와 가지를 얹어 저압 모드로 밥을 한다.

4 양념장 재료를 섞어 함께 낸다.

 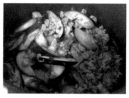

TIP

쌀 양에 비해 가지가 많아도 상관없다. 밥 속에 있는 가지 덕분에 가지가 고기밥으로 보인다.

언제나 내 곁에 삼겹살처럼

어릴 적에, 양념하지 않은 돼지고기를 불판에 구워 먹는 내용
이 나오는 방송을 보고 생각했다.

'뭐 저런 음식이 다 있지?'

엄마는 돼지고기를 삶거나 찌개에 넣고, 양념하여 볶아 주었
다. 그러니 불판 위에 지글지글 굽는 생고기 구이는 처음 보는
요리였다. 초등학교에 들어가고 얼마 뒤, 엄마를 졸라 처음으
로 삼겹살을 구워 먹었다. 삼겹살의 맛은 거의 혁명적이었다.
특유의 식감 때문에 절대 먹지 않았던 돼지고기 비계가 그렇

게 고소하다니…. 당연히 삼겹살을 사랑하게 되었고, 아침 점심 저녁 매끼 먹어도 질리지 않는 음식으로 등극했다.

그런데 왜 어릴 때는 삼겹살을 먹지 못했을까? 집안이 어려워서? 부모님은 잘 먹는 것이 남는 것이라는 주의라서, 철따라 먹어야 할 것은 꼭 먹이곤 했다. 여행을 가도 그곳에서 가장 맛있는 것을 먹게 해 주어 보통의 아이들이 먹어 보지 못한 음식도 비교적 쉽게 접하고 많이 먹어 본 축에 속했다. 그러니 금전적인 이유로 먹어 보지 못한 것은 아니다.

그럼 어른들 입에 안 맞아서? 집안 어른들은 식성이 까다롭지만 자유로운 편이었다. 맛있기만 하다면 새로운 음식을 큰 거부감 없이 받아들이고 즐겼다. 더욱이 쫄깃한 껍질 한 겹, 말랑한 지방 한 겹, 감칠맛 나는 고기 한 겹으로 차곡차곡 쌓여 있는 삼겹살…. 이건 맛이 새롭기도 했지만 완전히 낯설지도 않아, 아무리 기성 입맛이라 해도 거부감이 생길 수 없는 음식이었다. 그럼 뭘까?

내가 어릴 때만 해도 시골에선 집집마다 구정물 먹여 키우는 돼지가 있었다. 잡식인 돼지를 잔반이나 채소, 곡물 등을 가리지 않고 먹였기 때문에, 키우기는 어렵지 않았다. 나름대로 우리를 지어 한두 마리씩 키웠는데, 전문 사료를 거의 먹이지 않아도 잘 컸다. 단지 농사 잔재물이나 잔반으로 키웠기 때문인지 크기는 조금 작았다. 지금 농장들마다 키우는 하얀 돼지는 별로 없었고, 얼룩, 줄무늬, 갈색, 검정 등 다양한 색이었다. 요즘 사육되는 돼지와 좀 다른 모습이었다. 매일 넓은 우리에서 운동하고 채식 위주로 먹고 자란 돼지가 살이 많이 찔 리 없었다. 살이 찌지 않는데다 체구도 작으니 삼겹살도 지방도 많지 않았을 것이다. 그러니 삼겹살은 무척 귀한 부위였다.

그렇게 귀했던 삼겹살은 어느 시절 대량 사육 시설이 들어오며, 사료용 곡물이 수입되고 살찐 돼지를 만드는 방법이 발전하면서 어느 정육점에서나 많이 팔리는 부위가 되었다.

삼겹살을 구워 먹는 문화는 과거에는 생소한 문화였지만, 요즘은 외식 메뉴의 중심에 있다. 세월 따라 세상이, 음식이 변한 거다.

요즘 식당가에 가 보면 예전부터 사랑받았던 맛있는 요리가 꾸준히 사랑받기도 하지만, 난생 처음 보는 신기한 요리들이 순식간에 탄생하고 또 사라지기도 한다. 다양한 시도와 새로운 문화의 접촉이 이제껏 본 적 없는 음식 문화를 자연스럽게 만들어 가고 있다. 변화가 일상이 되어 가고 있는 중이다.

하지만 모든 것이 변해도 맛있는 것을 찾는 사람들의 본능이 변하지 않듯, 새로운 삶 속에서 꽤 괜찮은 것을 찾아내는 능력도 변하지 않을 것이다. 많은 변화가 있었고 앞으로도 그렇겠지만, 진정 '좋은 것'들은 층층이 쌓여 우리 곁에 남게 될 것이다. 삼겹살처럼 말이다.

입맛 찾으러 왔드래요, 곤드레밥

고려 엉겅퀴라고 불리는 곤드레는 산간에서 자생하거나 재배하는 산나물로, 생나물보다 건조나물로 많이 사용된다. 나물이나 밥 부재료로 사용되는데, 말린 산나물 특유의 향이 과하지 않아, 초보자도 쉽게 먹을 수 있다.

⚖️ 재료(1-2인분)

말린 곤드레 20g, 쌀뜨물, 불린 쌀 1컵, 들기름 2큰술.

양념장: 양조간장 4큰술, 들기름 2큰술, 물 2큰술, 고춧가루 1큰술, 다진 파 1큰술, 다진 마늘 1작은술, 통깨 1작은술

🍽️ 순서

1 말린 곤드레 20g을 씻어 쌀뜨물에 하룻밤 불린다. 이것을 그대로 삶아 3-4시간 정도 더 놔둔다.

2 곤드레에 단단한 줄기가 있으면 제거하고, 씻은 후 물을 짜서 먹기 좋은 크기로 잘라 들기름 2큰술에 달달 볶는다.

3 전기 압력밥솥에 불린 쌀 1컵, 컵의 70% 정도 되는 물, 곤드레를 넣고 압력 모드로 밥을 한다.

4 양념장을 밥과 함께 낸다.

TIP

나물을 불릴 때 쌀뜨물을 넣으면 말린 나물 특유의 잡내를 제거하고 나물의 질감을 보드랍게 해 준다.

밥인가 감자인가 떡인가 감자범벅

감자범벅은 감자에 쫀득한 재료를 섞어 밥하듯 한 솥에 지어, 비벼 먹는 게 특징이다. 지역에 따라 찹쌀, 밀가루, 메밀가루를 넣어 만든다. 같은 감자범벅 이라도 함께 넣는 재료에 따라 완전히 다른 맛이 난다.

재료(4-5인분)

찹쌀 1컵, 감자 5개, 혼합 풋콩 1컵, 건포도 한 주먹, 설탕 2큰술, 소금 1
작은술, 인절미용 콩가루 1컵

순서

1   찹쌀을 씻어 1시간 이상 불린다.

2   전기 압력밥솥에 불린 찹쌀과 컵의 70% 정도 되는 물을 넣는다.
    감자를 깎아 적당한 크기로 잘라 넣고, 콩과 건포도를 넣고 밥을
    짓는다.

3   밥이 다 되면, 설탕 2큰술과 소금 1작은술을 넣고 주걱으로 짓이
    긴다.

4   콩가루와 함께 접시에 담아 먹는다.

 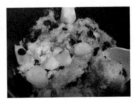

TIP
풋콩이 없으면 불린 콩을 사용해도 된다. 강낭콩이나 팥을 사용하면 더
맛있다.

힘을 내시오, 마늘밥

우리 음식에는 특히 마늘이 많이 들어간다. 마늘 속 당분과 향 덕분에 음식의 맛과 향을 높여 준다. 또한 혈액 순환을 좋게 하여 힘을 내는 데 도움을 준다고 하니, 힘찬 하루를 마늘밥으로 준비해 보자.

재료(2-3인분)

불린 쌀 2컵, 마늘 1컵, 참기름 2-3큰술 또는 마가린이나 버터, 계란 노른자 5개, 양조간장 5큰술, 물 15큰술, 맛술 1큰술, 참치액 1큰술, 설탕 1작은술

순서

1 양조간장 5큰술, 물 15큰술, 맛술 1큰술, 참치액 1큰술, 설탕 1작은술을 넣고 가열해 끓으면 불을 끄고 식혀 준다.

2 식힌 간장과 노른자를 밀폐 용기에 담아 하루 동안 냉장고에 재워 둔다.

3 전기 압력밥솥에 불린 쌀 2컵, 물 1 1/2컵, 마늘 1컵을 넣어 밥을 한다.

4 밥을 푸고 밥 위에 참기름 1큰술을 넣고 계란장을 얹어 낸다.

TIP
계란장의 계란은 날로 먹기 때문에 싱싱한 것을 사용해야 한다.

살캉살캉 씹히는 맛이 일품 시래기밥

무청 시래기는 가장 많이 먹는 말린 나물 중에 하나이다. 손질하는 데 손이 많이 가기 때문에, 요리를 해 먹는 게 쉽지 않다. 단, 요령만 알면 살캉살캉 씹히는 시래기밥을 만들 수 있다.

재료(1-2인분)

건시래기 두 주먹, 불린 쌀 1컵, 들기름 3큰술.

양념장: 양조간장 4큰술, 들기름 2큰술, 물 2큰술, 다진 당근 1큰술, 고춧가루 1큰술, 다진 파 1큰술, 다진 마늘 1작은술, 통깨 1작은술

🍽 순서

1 시래기를 하룻밤 미지근한 물에 불렸다가 헹궈, 쌀뜨물에 약 1시간 삶는다.

2 푹 삶은 시래기를 그대로 3-4시간 두었다가, 헹궈 물기를 짜고 알맞은 크기로 자른다. 이것을 들기름 3큰술에 볶는다.

3 전기 압력밥솥에 볶은 시래기, 불린 쌀 1컵, 컵의 80% 정도 되는 물을 넣어 압력 모드로 밥을 짓는다.

4 다진 당근 1큰술, 양조간장 4큰술, 들기름 2큰술, 물 2큰술, 고춧가루 1큰술, 다진 파 1큰술, 다진 마늘 1작은술, 통깨 1작은술을 넣어 양념장을 만들어 함께 낸다.

TIP

시래기 전용 무청은 줄기가 연해 그냥 쓸 수 있지만, 뻣뻣한 일반 무청은 껍질을 삶아서 껍질을 벗긴 후 물에 불린다.

몸속 청소부들의 단합대회 모듬버섯밥

버섯은 식품으로서 영양가가 높고, 특유의 맛과 향으로 사랑받는 식재료이다. 식이섬유도 풍부해 맛있게 먹기만 하면, 몸속에 쌓인 찌꺼기들이 몸 밖으로 배출된다. 가까이 하면 할수록 건강해지는 버섯으로, 밥을 지어 보자.

🔖 재료(1-2인분)

쌀 1컵, 표고 5개, 새송이 1개, 팽이 1봉지, 양파 1/2개, 파 1/2개, 고추 1개, 다진 마늘 1작은술, 양조간장 6큰술, 물 2큰술, 참기름 2큰술, 매실 1큰술, 고춧가루 1큰술, 통깨 1작은술

🍽 순서

1 쌀 1컵을 깨끗이 씻어 1시간 이상 불린다.

2 버섯들을 먹기 좋은 크기로 자른다.

3 전기 압력밥솥에 불린 쌀, 컵의 70% 정도 되는 물, 버섯으로 밥을 한다.

4 양파, 파, 매운 고추를 잘게 다진 뒤, 다진 마늘 1작은술, 양조간장 6큰술, 물 2큰술, 참기름 2큰술, 매실 1큰술, 고춧가루 1큰술, 통깨 1작은술을 넣어 양념장을 만든다.

TIP ───

버섯의 맛이 자칫 밍밍하게 느껴질 수도 있으므로, 양념으로 들어가는 고추와 고춧가루는 매운 것을 넣어 맛의 균형을 잡는다.

바다에서 왔습니다, 톳밥

톳은 칼슘, 마그네슘, 철분, 요오드가 풍부하게 들어 있는 바다의 나물이다.
특유의 바다향이 입맛을 돋우는데, 생톳, 절임톳, 말린톳 등으로 다양하게
유통되어 사시사철 먹을 수 있다. 바다가 그리운 날에는 톳밥을 지어 보자.

재료(1-2인분)

톳 200g, 쌀 1컵, 연두부 1/2튜브, 부추 한 주먹, 당근 1/8개, 양조간장 4큰술, 물 2큰술, 참기름 2큰술, 고춧가루 1큰술, 매실 1큰술, 통깨 1작은술

순서

1   쌀을 씻어 불린다.

2   톳을 씻어 한 시간 정도 물에 담가 짠맛을 우려낸 후 먹기 좋은 크기로 자른다.

3   부추와 당근을 다져, 양조간장 4큰술, 물 2큰술, 참기름 2큰술, 고춧가루 1큰술, 매실 1큰술, 통깨 1작은술을 넣고 양념장을 만든다.

4   전기 압력밥솥에 불린 쌀과 톳을 넣고, 쌀의 70% 정도 물을 넣고 밥을 지어 연두부와 담아낸다.

TIP

연두부를 곁들여 먹으면, 톳에 부족한 단백질이 보충되어 더 야무지게 먹을 수 있다.

최소 에세이

소박한 밥상의 힘

어릴 적 안방 아랫목쪽 벽 위에 작은 문이 있었다. 그 안에는
우묵하고 자그마한 공간이 있었다. 우린 그곳을 다락이라고
불렀다. 그곳은 예닐곱 살 아이가 들어가 누울 수 있을 만한
나무 바닥에, 가로 칸막이로 된 수납공간이 있었다. 겨울에 얼
지 않게 보관해야 할 식료품을 넣거나, 계절이 바뀌어 사용하
지 않는 이불, 옷가지, 재봉틀 등을 보관하는 용도로 쓰였다.
왜 그런지 모르겠지만 아이들은 그 공간을 좋아했다. 숨바꼭
질을 하거나, 집에 아무도 없어 심심하면 그곳에 들어가곤 했
다. 특별히 덥지도 춥지도 않았던 그곳에 들어가 있으면 얼떨
결에 쪼그리고 잠이 들기도 했다.

그곳에 있으면 끼니때 바닥 틈으로 밥 냄새가 살살 올라왔다. 안방과 붙어 있던 부엌 아궁이의 천장 부분을 막아 만들어 낸 공간이었기 때문이다. 뿐인가? 불티 냄새, 기름 냄새, 풍로 연기 냄새가 한데 섞여 났다. 특히 밥이 다 된 냄새는 다락에 숨어 있던 아이들의 배꼽시계를 울렸다. 다락 구석에 꼭꼭 숨어 있다가도, 밥 냄새가 나면 자연스레 밥상 앞으로 내려 왔다.

요즘은 식구 수가 많아 봐야 너덧인 데다가 먹을거리가 많은 탓에 예전처럼 밥을 많이 먹지 않는다. 시골도 마찬가지다. 식구가 적어 밥을 많이 할 일이 없다. 그러니 아궁이에 불을 피워 커다란 가마솥에 밥을 할 일은 더욱 없다.

그런데 내가 어렸을 때까지만 해도 밥을 좀 많이 하는 날이면 가마솥에 했다. 이런 말을 하면 내가 아주 오래된 사람 같지만, 불과 삼십여 년 전의 일이다. 당시만 해도 시골 살림에 냉장고나 가스레인지 같은 가전제품을 다 갖춰 놓고 사는 집이 많지 않았다. 여름에 음식을 차게 보관할 때는 두레박에 음식을 넣어 우물 속에 띄워 보관했고, 반찬은 보통 찬장이라고 부르는 부엌장 안에 넣어 보관해 먹었다.

그러니 음식을 한꺼번에 많이 하지 않고 그때그때 밭에서 나오는 것으로 밥상을 차려, 끼니때 깨끗이 먹어 치웠다. 그래서 반찬 가지 수가 많지 않았고, 밥의 양은 상대적으로 많았다. 요즘 국그릇 크기가 보통 성인의 밥그릇 크기와 비슷했다.

특별한 날이 아니면 닭둥우리에서 꺼낸 계란조차도 마음껏 먹지 못하던 시절이었다. 그러니 밥상은 대부분 간소했다. 그래도 밥은 늘 맛있었다. 매일 산으로 들로 뛰어다니며 웬만한 거리는 늘 걸었기 때문에, 늘 배가 고팠던 게 사실이다. 늘 뛰고 걷느라 허기가 져서 밥이 맛있기도 했지만, 가장 큰 이유는 다른 데 있었다.

바로 하루에 한두 번 새로 짓는 솥밥과 고소한 누룽지 덕분이었다. 가마솥 밥은 주로 아침에 하는 일이 많았다. 아침을 먹고 남은 밥은 커다란 스테인리스 밥통에 담아, 아랫목 이불 속에 넣었다가 점심에 먹었다. 아이들은 밭에 나가 점심때가 되어야 돌아오는 부모를 기다리다 배가 고프면 부뚜막에 걸어놓은 누룽지를 집어 먹었다. 뛰어놀다 들어온 아이들에게 아삭아삭 고소한 가마솥 누룽지가 없었다면 아랫목에 넣어 둔 밥의 안전은 보장받지 못했을 것이다. 고소한 누룽지 덕분에 밥을 탐내는 아이는 없었다.

쌀을 씻어 불린 후에 가마솥에 넣고 밥을 하면, 솥과 뚜껑 사이에 땀이 흐르는 순간이 온다. 그때가 되면 아궁이에 땔감을 넣지 않고, 재에 남아 있는 열로 뜸을 들인다. 요즘 가스불로 솥밥을 할 때도 마찬가지지만, 얼마나 정성껏 불 조절을 했느냐에 따라 누룽지의 질이 달라진다. 숙련된 솥밥 전문가(?)만이, 타지도 눅눅하지도 않은 누룽지를 만들 수 있다.

반찬이 변변치 않은 날은 주변에 있는 나물과 채소를 쌀과 함께 솥에 넣었다. 밥물을 조금 줄이고 달달 볶은 시래기를 넣은 날은 시래기밥, 무를 숭숭 썰어 넣은 날은 무밥, 시루에서 쑥 뽑은 콩나물을 넣은 날은 콩나물밥이었다. 이것들은 그날의 밥이자 반찬이 되었다. 여기에 고소한 들기름이나 참기름이 동동 뜬 양념간장 하나만 있어도 최고의 밥상이었다. 소박하지만 한 끼 한 끼를 소중히 채웠던 아주 오래된 부엌과 밥상의 기억이다. 냉장고만 조금 일찍 들여놨어도 형제들의 키가 한 뼘씩은 더 크지 않았겠냐고 할 만큼, 먹을 것도 귀하고 이를 보관하기도 힘들었던 시절이었다.

하지만 그 소박한 밥상이 만들어 낸 가족의 울타리 속에서 우리는 잘 자라, 이렇게 또 살아가고 있다.